목차

Roundtable

Outro

Intro

Intro

D호를 열며

유엘씨프레스 / ulcpress@naver.com

유엘씨는 지금까지 무엇을 했나? 이제 햇수로는 4년(2020~2023), 책수로는 10권(1·2·3·4·5·6·A·B·C·D)이 찬다. 통상적으로 2년과 3권이 고비라는 독립출판으로서는 나름대로 잘 버틴 셈이다. 문제는 앞으로다. 유엘씨는 이제부터 무엇을 할까? 유엘씨는 다양한 글을 그러모았던 1~3호, 동종의 글을 청탁해 받은 4~6호, 프로젝트 성과물에 해당하는 A~C호를 지나 열 번째 책인 D호를 출판한다. 이 책에서 우리는 지금까지 한 것을 살피고 앞으로 할 것을 가늠한다. '열'이라는 숫자를 기회 삼아 안팎으로 피드백을 청하고 시야를 넓힐 연장선과 징검다리를 놓는다. 회고와 점검의 차원에서 나아가 우리는 이 책을 '도시경관'이라는 주제와 '출판'이라는 행위 사이의 다양한 가능성을 탐구해 유엘씨 바깥에 펼쳐진 대지를 가늠하는 기회로 삼고자 한다.

D호의 본문은 네 섹션으로 구성했다. **첫째,** 'editors'에서는 편집진이 그동안의 성과를 짚고 책을 만들며 나누었던 안팎의 이야기를 돌아본다. 작업을 통해 이룬 것과 놓친 것을 스스로 짚음으로써 결과물 사이로 흘러나가는 생각을 붙잡아 기록한다. **둘째,** 'landscape'에서는 유엘씨의 배경, 유엘씨가 놓인 판을 조망한다. 유관 잡지, 조경 출판, 매체 동향을 주제로 한 세 글을 통해 유엘씨의 좌표를 가늠할 토대를 마련한다. **셋째,** 'medium'에서는 잡지라는 현상을 경유하는 여러 매체 또는 형식을 매개 삼아 도시경관과 출판 사이의 관계를 가시화하고 가능성을 모색하는 계기로 삼는다. 책·컬럼, 글, 사진, 전시, 논문, 번역, 구술채록, 작품집을 키워드로 여덟 명의 필자가 경험과 생각을 풀어낸다. **넷째,** 'roundtable'에서는 편집진과 게스트가 어울려 유엘씨의 과거와 미래에 대해 생각을 나눈다. 느슨함과 치열함, 쉬움과 어려움, 재미와 진지, 독자와 필자 사이 어딘가에서 헤매는 유엘씨의 현주소를 가감 없이 논함으로써 그 의미와 대안을 고민한다.

어느덧 열 번째 마감이다. 이 책을 덮는 누군가에게 새로운 페이지가 열리길, 새로운 페이지가 필요한 누군가에게 이 책이 열리기를 바라는 마음으로 바톤을 넘긴다.

Editors

Editors

10권의 유엘씨

박영석 / yareut@gmail.com

'데이터_유엘씨프레스' 폴더를 열었다. 가장 오래된 폴더 '190928 도시경관매거진_ULC_ys_01' 속 기획서는 '온라인 매거진 – 도시를 읽고 쓰는 새로운 공간'으로 시작해서 '콘셉트: 가볍고 빠르게, 그러나 진지하고 정확하게 공유하는 도시 경관의 지식과 정보'로 끝이 난다. 4년 전, 이 조촐한 유인물을 임한솔 에디터와 신명진 에디터에게 들이민 장면이 눈에 선하다. 이 무렵 서울대학교 환경대학원 학술활동 지원 공모를 준비하면서 구상을 구체화했다. 계획서에는 '현대 도시 및 조경 관련 이슈를 재구성한 에세이를 작성하여, 홈페이지 및 SNS를 통해 대중에게 공유함으로써 도시경관 연구자의 새로운 연구결과 출판 형식의 실험'을 하겠다고 적었다. 국내 유사 사례는 전무했기에 주로 해외 사례를 참조했는데, 오프라인 출판물로는 『랜드스크립트(Landscript)』와 『팜플렛(Pamphlet)』,[1] 온라인 출판물로는 'Landscape theory'와 'COLONIAL KOREA'를 계획서에 첨부했었다.[2]

2020년 1월 31일, 13명의 필진과 스텝이 힘을 모아 『ULC 0: 새로운 시작의 시작, 도시 경관의 경계로부터』를 펴냈다. 지원 사업이 종료된 후 0호를 창간준비호 삼아 레이아웃을 다듬고 필진을 보강하여 1호를 제작하기 위한 크라우드펀딩을 시작했다. 같은 해 7월 목표액의 183%를 달성하며 『ULC 1: 새로운 기억, 연출된 과거』를 출간했다. 이즈음 포착된 뉴트로(newtro)라는 키워드가 도시 경관에 미치는 장면을 담으려던 시도가 떠오른다. 코로나바이러스-19의 전염이 광범위하게 확장되면서, 편집진 사이에서도 코로나 시대의 도시에 대한 언급이 잦아졌다. 때마침 서울연구원의 '작은연구 좋은서울' 지원을 받아 팬데믹 서울의 현재와 미래를 들여다 보았다. 이 내용은 『ULC A: 팬데믹 도시 기록』으로 이름 붙여 유엘씨의 첫 번째 특별호로 무료 배포하였다.[3]

이듬해 7월 유엘씨 두 번째 정규호는 '경관으로 읽고 쓰기'였다. 제목에 경관을 읽고 경관에 대해 써보자는 욕망을 그대로 드러냈다. 경관을 어떻게 글로 담을 것인가. 0호부터 적용된 섹션들은 도시 경관에 관한 비평(On Criticism), 도시 경관과 인접한 이론(造景學), 도시 일상에 관한 가벼운 에세이(나의 도시), 다양한 관점을 담은 페이퍼(Insight) 그리고 패널들과의 대화(Roundtable)로 구성되었다. 이는 같은 해 9월 발행한

『ULC 3: 도시에 흐르는 시간』에서도 이어졌다. 유엘씨라는 잡지의 정체성을 고민하면서도 여전히 전통적인 잡지의 섹션 구성에서 벗어나기가 쉽지 않았다. 다행히 2021년 상반기 서울문화재단의 '예술인연구모임지원'에 선정되어 잠시 호흡을 가다듬을 수 있었다. 이 사업으로 진행한 6개월간의 월례 세미나 'Open Space, Open Artwork'는, 예술과 조경의 접점을 다섯 가지 키워드(문학, 조각, 메모리얼, 전시, 워크숍)로 탐색하였다. 발제문과 토론 내용을 중심으로 이슈를 재구성하여 두 번째 특별호 『ULC B: 공공예술로서의 조경』으로 엮어냈다.[4]

2022년 봄, 우리는 여섯 번째 유엘씨의 기획 회의를 열었다. 가지고 있는 재료가 충분하지 않다고 판단한 우리는 가장 효율적이고 소화 가능한 대안을 서둘러 찾았고, 편집진을 포함한 11명의 젊은 도시 경관 연구자의 이야기를 들어보기로 했다. 쉽게 청해 듣기 어려운 연구 입문 배경에서부터 연구자들의 일상을 엿보는 것은 꽤 흥미로웠다. 『ULC 4: 나의 조경 연구기』를 여름에 발행하고 우리는 11명의 설계가를 섭외했다. 앞선 맥락과 비슷한 시선에서 조경 설계가의 이야기를 들어보고 싶었다. 가급적 기존 매체에서 덜 소개된, 젊고 패기 넘치는 설계가들을 발굴하고자 했다. 설계가 각자의 개성이 넘치는 글은 『ULC 5: 조경 설계가의 하루』로 발간되었다. 가을에는 광주 세계조경가대회(IFLA)에서 국내외 조경 실무자 10여명과 함께 'Global Urban Thinkers'라는 라운드테이블을 벌였다. 이 자리에서 나눈 다섯 가지 어젠다를 정리하여 『ULC C: 글로벌 도시 공간』을 출판했다.[5]

다시 돌아온 2023년의 봄, 우리는 연구-설계-시공을 잇는 조경 트릴로지를 완성하기로 했다. 가급적 다양한 층위의 조경 시공 이야기가 생생한 현장의 목소리로 들려지기를 원했다. 그래서 만났다. 우수 조경 작품상을 다수 시공한 전문가, 대기업 엔지니어링 조경 분야 관리자, 제주도 기반의 조경 디자인 빌더, 시공 노하우 공유와 네트워킹의 운영자, 조경 시공 전문 블로거와의 인터뷰를 『ULC 6: 조경 시공의 최전선』에 담아냈다. 그리고 가을 방학에 돌입했다. 1호부터 6호, A호부터 C호까지 아홉 권의 책을 만들면서 채 답하지 못한 우리의 고민들을 잊고 있었던 것은 아닌지 돌아보았다. 여전히 고민이 앞선다. 이 고민을 타파하고자 도시 경관 출판과 관련해 경험 많은 필자들에게 의견을 구했다. D호는 그 고민의 기록이다. 2019년으로부터 네 번째 겨울, 우리는 열 번째 책을 만들고 있다. 열한 번째 고민을 담아서.

---

[1] 스위스 취리히 연방공과대학교 조경학과의 크리스토프 지로(Christophe Girot) 교수가 다양한 필자를 초빙하여 경관 미학에 관한 글을 출판하는 『랜드스크립트(Landscript)』 와 지로 교수의 강의와 연구 중 발굴된 비판적인 질문들을 수록한 연간 발행물 『팜플렛 (Pamphlet)』는 직관적인 편집과 내용 구성이 눈에 띈다.

[2] 조경 이론과 프로젝트 사례들에 대해 다채로운 관점을 자신만의 언어로 포스팅하는 'Landscape theory'(https://landscapetheory1.wordpress.com)와 조선 후기 식민 지 시대, 한국의 도시경관 요소들을 특정 이슈 또는 시기별로 포스팅하는 'COLONIAL KOREA'(https://colonialkorea.com)를 참조했었다.

[3] 유엘씨프레스 홈페이지에서 전자책을 공개 배포하고 있다.
https://www.ulcpress.com/PANDEMIC-CITY

[4] 유엘씨프레스 홈페이지에서 발제문과 토론 내용을 공개 배포하고 있다..
https://ulcpress.com/OPEN-SPACE-OPEN-ARTWORK

[5] 다섯 가지 어젠다는 다음과 같다. 도시 환경과 유니버설 디자인, 오픈스페이스 조성과 시민 참여, 조경 공간의 가치, 조경가의 역할과 위상, 포스트 코로나 시대의 조경.

Editors

로고 제작노트

임한솔 / hsollim@hanmail.net

2020년 1월, 첫 번째 라운드테이블을 마치고 집으로 가는 길이었다. 모임 장소에서 집까지는 걸어서 20분, 언덕길이었다. 해는 지고 날은 추워서 바람도 차고 길도 얼었다. 하지만 마을버스를 타지 않고 걸었다. 라운드테이블이 끝날 때쯤 박영석 소장님이 참가자들에게 내준 숙제를 풀고 싶었기 때문이다.

곧 책이 나올 텐데 우리에게도 로고가 있으면 좋지 않을까? 이름도 있고 모임도 성사됐으니 간판도 있어야지. 소장님은 대가 없는 공모를 걸었다. 이런 경우에는 결국 하고 싶은 사람이 하게 돼 있다. 나는 참가자 1인의 공모전에 참가하고자 약간의 찬 공기를 맞기로 했다. 길이 미끄럽고 뭔가 생각이 날듯 말듯 해서 집으로 가는 길이 조금씩 늘어졌다.

과제를 해결할 때는 문제의 성격을 잘 파악해야 한다. 더구나 이렇게 무에서 유를 만들어 내는 디자인 과제일 경우에는 틀에 박히지 않으면서도 왜 하는지를 놓지 말아야 한다. 유엘씨란 무엇인가? 아니, 유엘씨는 앞으로 무엇이 될 것인가? 로고를 보면 사람들이 어떤 느낌을 받는 게 좋을까? 로고는 어디에 쓰일까? 형태로 옮길 만한 재료는 있을까?

활용할 수 있는 근거와 재료가 적은 상황. 새로운 그림을 그리다 실패를 거듭할 바에야 있는 것만으로 승부를 보겠다는 심산이 생겼다. 그리고 중간쯤 걸었을 때 U, L, C 글자를 사용해보기로 했다. U, L, C, U, L, C... 이 글자들은 단순했고 뭔가를 감싼 듯한 모양을 띠고 있었다. 다르게 말하면 열린 부분과 닫힌 부분을 함께 가지고 있었다. 그 선형의 곡률이나 각도에 차이가 있을 뿐이었다. 집에 도착할 때쯤 나는 한 가지 도안을 머릿속에 떠올렸다. 세 알파벳의 비슷함과 다름을 가지고 하나의 규칙을 만들어 보았다.

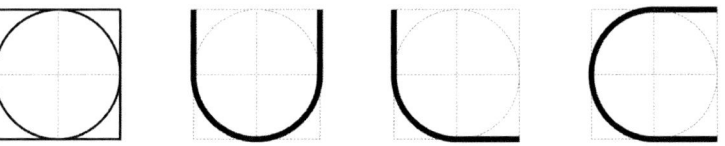

U, L, C의 형태에 규칙을 부여한 활자 디자인 구성 원리

이 도안은 사각형과 원으로 이루어져 있다. 우리는 도시경관 매거진이다. 나는 사각형은 도시, 원은 자연이라고 생각했다. 이 도안에서 U, L, C는 사각형-도시와 원-자연이 각각 다른 방식으로 결합해서 이루어진 활자들이다. 우리들이 도시와 자연의 관계를 기저의 큰 주제로 삼고 있는 만큼 이 도안의 원리를 로고에서 떠올릴 수 있으면 좋겠다고 생각했다. 다만 단순한 로고 모양을 말로 장식하고 싶지 않아서 이 지면 이전에는 어디에도 이야기하지 않았다.

이 도안을 떠올린 나는 집에 가자마자 일러스트레이터를 켰다. 쉽게 떠올린 만큼 쉽게 그릴 수 있었다. 문제는 그것이 로고답게 보이지 않는다는 것이었다. 재료를 찾아 다듬기는 했는데 그것들의 어울림까지는 아직 떠올리지 못했던 셈이다. 조화를 찾아내는 배치의 과정은 경험과 숙련, 감각을 필요로 한다. 하수는 하수답게 시간을 필요로 했다. 나는 잠시 접어두고 집안일을 했다.

한밤이 오고 숙제에 마음을 뺏겨버린 나는 다시 일러스트레이터를 켰다. 바탕을 깔아볼까? 선 사이에 면을 채워 볼까? 그라데이션을 넣어볼까? 스케일을 서로 달리 해볼까? 사이에 다른 선을 넣어볼까? 시행착오의 시간이 이어졌다. 간명하면서도 심심하지 않고, 새로우면서도 낯설지 않은 뭔가에 닿기 위해 스스로를 괴롭히는 클라이언트가 되어 어느 정도 시간을 보냈다. 그렇게 대략 세 가지 대안을 만들었다.

ULC 로고 디자인 초안들

대안을 셋 만드는 이유는 그것이 우연이 아님을 말하기 위해서다. 구체적으로는 선택의 근거를 가다듬고 과정과 노력을 드러내기 위해서다. 첫 번째 안을 그렸을 때 나는 알았다. 이것이 되리라는 것을. 그러나 그 과정에서 떠올랐던 몇 가지 아이디어도 활자의 구성 원리는 같기 때문에 언젠가 다른 방식으로 쓰일 수도 있겠다 싶었다. 초안 이미지에서 두 번째 안은 입면을, 세 번째 안은 평면을 떠올리며 그렸다. 입면이든 평면이든 직선과 곡선이 단순한 형태로 만나서 서로의 영역을 이루어내는 모습이 도시경관의 구성 원리, 특히 조경의 설계 원리와 닮았다고 생각했다.

지금 유엘씨의 로고로 쓰이는 첫 번째 안은 글자 선 사이를 직선으로 닫아 면으로 채운 뒤 세 글자를 나란히 놓고 C를 L쪽으로 조금 밀어넣은 형태이다. 이렇게 된 데는 몇 가지 이유가 있다. 일단 선보다는 면으로 만들어야 눈에 잘 들어오겠다 싶었다. 그리고 세 글자가 따로 놀기보다 한 덩어리로 느껴졌으면 했다. 면으로 채운 글자를 나란히 놓았더니 L의 직선 부분이 C의 둥근 부분과 부딪쳐서 조화롭지 않았는데, 그 사이를 붙였더니 한결 나았다. 둥그스름하면서도 단단해보이는 로고의 느낌이 유엘씨의 성격이 되면 좋겠다는 마음도 있었다.

이렇게 만들어진 로고는 책 표지에서 웹사이트, 행사 포스터에 이르기까지 유엘씨의 이름이 들어간 모든 곳에 쓰이고 있다. 4년 동안 로고를 두고 불평이나 비난을 들었던 기억은 없으니, 공모전 당선의 기쁨은 없었지만 잘 쓰이는 데 대한 나름의 성취감은 있다. 물론 이렇게 글을 직접 쓰면서 스스로 박수치는 슬픔도 있지만 그렇다. 직선과 곡선에 도시와 자연을 담았느니, 둥그스름 하면서도 단단한 모임이 되었으면 한다느니 하는 말들은 정말로 2020년 1월에 떠올렸던 것들이다. 카탈로그에 들어갈 기록으로 이렇게라도 남겨 둔다.

Editors

책장 유람

신명진 / mjin.shine@gmail.com

잡지를 하고 있어요

처음 보는 사람을 만나면 자기 소개를 하기가 그렇게 어렵다.

"저는 OOO입니다. 학교 연구소에 있구요. 동료들과 유엘씨라고... 잡지를... 해요."

잡지를 한다고 말하기가 애매한 순간들이 있다. 확실히 말하건대, 부끄러워서가 아니다. 그 이후에 딸려오는 일련의 질문들에 어떻게 답할지 제대로 생각해본 적이 없기 때문이다.

"무슨 잡지를 하세요?" 또는 "연구 하시는 거에요?" 등등.

굳이 그렇다고 하기에도, 아니라고 하기에도 애매하다. 그렇다고 장황하게 유엘씨의 의도와 다루는 범주, 작동 방식을 설명하기엔 구구절절 이야기가 늘어질 뿐이다. 그래서인지 이런 질문이 '반드시 나올 것 같다'라고 생각되는 날에는 최근의 유엘씨 한 권을 꼭 챙겨간다.

직접 보고 결정하세요. 우린 무슨 잡지 같나요?

책장 유람: 유엘씨가 아닌 것들

유엘씨의 10권의 맞이한다는 우리 나름의 기념비적인 이번 권호에서 '바깥의 유엘씨'라는 꼭지를 맡게 된 데 관해 생각해보자면, 일단 우리가 주 연구 및 기사의 대상으로 삼는 '도시 경관'의 경계면에서 두리번거리는 것이 필자의 일이다. 예술과 도시, 문화의 소비와 생산이라는 손에 잡힐 듯 잡히지 않는 주제를 가지고 수년째 연구를 해오다 보니 연구실 책장에는 어디서 누가 만들었는지조차 정확히 알 수 없는 이상한 판형의 책과 책자, 잡지들이 어지럽게 꽂혀있다.

중간의 가장 높은 층고(?)를 자랑하는 칸으로 먼저 가보자. 내가 좋아하는 출판물이 가장 많이 포진되어있는 '좋아하는 것들' 칸이다. 탄탄한 텍스트를 자랑하는 아트인컬쳐(Art in Culture)나 화려한 사진을 자랑하는 월간BOB도 몇 권씩 있고, 그 사이사이 서점의 잡지 매대에서 보고 무의식중에 구매한 단권의 잡지들도 보인다. 중간중간 삐죽하게 올라와있는 아트불레틴(Art Bulletin)과 하버드 디자인 매거진(Harvard Design Magazine)도 나름대로 자리를 지키고 있다. 특히 후자의 경우 학술연구의 차원에서 필자에게 필요한 특집 호 몇 권은 손때가 묻고 색이 바래 이미 레트로를 넘어 중고서점의 분위기를 풍기고 있다.

그 옆에는 전시 카탈로그가 줄줄이 있다. 메트로폴리탄 미술관에서 열렸던 〈마누스 마키나(Manus X Machina)〉의 화려한 양장이 가장 먼저 눈에 들어온다. 그 옆으로는 두께 만큼은 지지 않는 동일 미술관의 〈공공의 공원의 사적인 정원: 파리에서 프로방스까지 Public Parks, Private Gardens: Paris to Provence〉의 카탈로그가 초록초록하게 꽂혀 있다. 뉴욕 스톰킹 아트센터(Storm King Art Center)의 야외전시 카탈로그와 스미스소니언 쿠퍼 유니온 박물관에서 진행했던 전시, 〈위대한 격자계획(The Greatest Grid)〉의 전시 카탈로그도 있다.

책장 맨 윗줄 상단으로 올라가면 아티스트북과 학술서가 삐죽빼죽 튀어나와 있다. 이 칸은 조금 낮다 보니 종류별로 책을 꽂아놓기보다는 책의 판형이나 형태로 구분지어 놓았다. 얇은 책자들과 비교적 두께가 무난한 학술서를 지나면 이상한 판형과 제본 방식이 난무한 코너가 나온다. 아티스트북(Artist's Book)이란 형식이 따로 정해지지 않고, 작가가 만든 책이라는 뜻이다. 카탈로그의 성격을 가질 때도 있고, 작업 스케치인 경우도 있고, 심지어 전시나 작업과 전혀 무관한 글이나 텍스트 파편만 가득 있을 때도 있다. 그럼에도 전시를 가서 아티스트북을 보면 기어코 사고야마는 통에, 소장으로 만족하는 책들이 몇 권이나 자리를 차지한다.

유엘씨는 어디에 있을까?

세 번째 줄, '기타 등등과 보고서' 칸의 한 쪽에는 권호별로 한두 권씩 꽂힌 유엘씨가 있다. 도시 경관이나 조경이라는 특수성을 떠나 유엘씨의 현재 위치를 설명하자면, 인디 잡지와 도서/건축 잡지, 그리고 약간의 학술지적 성격을 지니고 있는 듯 싶다. 기본적으로 텀블벅이라는 플랫폼을 통해 유통되는 만큼 매우 좁은 타겟 마켓을 대상으로 진행이 되고 있고, 도시/건축 잡지 중에서도 전문지, 그중에서도 '인문적 고찰'을 맡고 있어 아카이브적 성격이 강하다.

하지만 편집진들은 물론이고 초창기 멤버들이 대다수 연구자 혹은 연구에 발을 걸친 분들이 많다 보니 본의 아니게(?) 학술적 성격이 튀어나온다. 그렇다고 해서 편집진에서 각 잡고 '학술적인 글'을 실어본 적은 없다. 대신 미국조경학회에서 발행하는 조경학술지 Journal of Landscape Architecture(JoLA)에서 학술과 실천의 경계에 있는 연구와 고찰을 싣고자 만든 'Thinking Eye(생각하는 눈)' 섹션과 유사한 중간지대의 글이 종종 실린다.

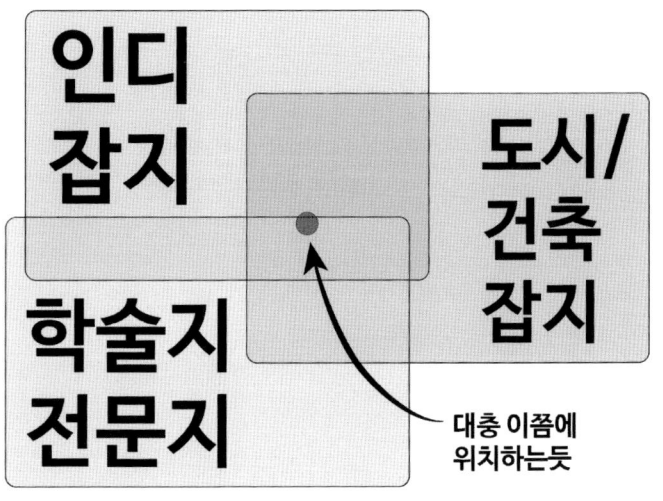

인디
잡지

도시/
건축
잡지

학술지
전문지

대충 이쯤에
위치하는듯

유엘씨가 "해낸" 것, "해내야 하는" 것

만약 앞으로 다시는 유엘씨가 나오지 않더라도, 지금까지의 10권을 통해 우리가 이룬 것은 무엇일까? 가장 확실한 것은 도시 경관 분야, 특히 조경을 중심으로 도시를 인문학적으로 이해하고 해석하고자 하는 연구자들이 자신의 존재감을 드러내고자 애쓴 결과라는 것이다. 특히 아시아에서 도시 경관은 탑-다운 방식으로 진행되는 경우가 많은데, 이는 비단 우리나라만의 상황은 아니다. 그러다 보니 자연스럽게 기존과 다른 방식의 논의를 할 여유도 없고, 이유도 크게 없다. 이 상황에서 강제로라도 우리가 커피 한잔 마시며 나누던 이야기를 세상에 공개했다는 것, 그렇게 해본 선례를 만들었다는 것에서 유의미함을 찾고 싶다. 개인적 희망을 보태자면, 아티스트북과 같이 '자기 이야기'를 원하는 방식으로 선뜻 공유해주는 도시 경관 관련인들이 많아지기를 바란다. 결국 이 판을 넓혀야만 우리가 하는 이야기도 풍부해지지 않겠는가.

상기 그림에 표현한 위치 매김을 생각해보면, 유엘씨는 지금까지 해온 것 이상으로 '하고 싶은 것'과 '해내야 하는 것'이 많은 잡지이다. 처음에는 연구하며 논문으로 끌고 가기 힘든 생각과 글을 싣고자 시작한 것을 모은 일종의 '모음집'이었다 보니, 일반적인 인디 잡지에 비해 기획력이 떨어진다. 인문학적 시선에서 도시와 건축을 바라보고자 글을 모으고 쓰다보니 종종 중심이 흐트러진다는 느낌도 받는다. 결국, 일종의 재건축, 혹은 레노베이션이 필요하다.

어떤 목적이나 미션을 가지고 시작하지 않았기 때문에 이 재건축 기간을 통해 '목적'부터 재설정하는 매우 지난한 과정이 앞으로 필요하다. 우리가 하고 싶은 이야기는 무엇일까? 이를 위해 어떤 구조를 지니고, 어떤 방식으로 이끌어 나가야 할까? 나아가, '인디 잡지'와 '도시/건축 잡지'의 겹침 속에서 우린 어떤 목소리를 내야 하는 걸까? 우리가 무언가 목표를 둔다면, 그 너머 우리가 해내고 싶은 것은 무엇일까?

Landscape

Landscape

유엘씨를 위한 잡지견문록

임한솔 / hsollim@hanmail.net

대형서점의 독립잡지

2023년 7월 유엘씨의 유통 업체인 인디펍에서 연락이 왔다. 영풍문고가 인디펍과 함께 하는 독립출판 기획 프로모션에서 유엘씨를 대상 서적으로 선정했다는 소식이었다. 우리가 원한다면 일정 비용을 지불하고 8월 한 달 동안 전국 영풍문고의 매대에 유엘씨 6호를 놓을 수 있었다.

편집진은 가벼운 회의를 했다. 비용이 없었다면 고민이랄 것도 없었겠지만, 요구받은 금액이 무시할 만큼 적지는 않았기 때문이다. 물론 대형서점 매대에 서는 금액으로서는 크지 않았다. 다만 유엘씨의 운영 예산과 대형서점에 놓인다고 뭔가를 기대하기 어려운 콘텐츠로 인해 망설임이 일었다. 결국 편집진은 지난 프로젝트로 남긴 공금의 일부를 프로모션에 쓰기로 결정했다. 8월이 되고 인디펍은 구글드라이브 링크를 보내왔다. 영풍문고 종로, 여의도, 동탄, 서현, 광주, 부산 광복점에 마련된 독립출판 기획 서가의 모습이 담긴 사진들이었다.

2023년 8월 2일, 영풍문고 종로점의 독립출판 기획 프로모션 매대.
가장 오른쪽 칸에서 가장 윗줄 왼쪽이 ULC 6호다.

우연히 베스트셀러 옆에 진열된 유엘씨. 저 칸막이 사이에는 엄청난 간극이 있을 테지만 결국 책은 책일 뿐이구나 하는 간단한 감상으로 이 장면을 지나쳤다. 그러다 얼마 뒤 한 가지를 새삼 깨달았다. 같은 매대에 놓인 23권의 책들은 유엘씨와 무관한 내용을 담고 있었지만 한 가지 공통점이 있었다. 위태롭지만 강력한 자아, 그것이었다.

『그러게 굳이 왜』, 『나는 내가 되고싶어』, 『뭐라도 되겠죠』, 『누구나 길을 잃을 때가 있다』, 『내가 무슨 노벨문학상을 탈 것도 아니고』. 같은 매대에 놓였던 책들의 제목이다. 날 것의 언어가 그대로 드러나는 제목들은 내게 '독립'출판의 의미를 다르게 와닿게 했다. 어쩌면 이때의 독립이란 자취와 비슷하지 않을까 싶었다. 자취(自炊)의 말뜻은 '스스로 밥 짓는다'이다. 그런데 사실상 굉장히 많은 사람이 자취하지만 그 말을 쓰는 시절은 정해져 있다. 독립출판에서 독립 역시 책의 생애 전반에 쓰이기보다 어떤 때에 적합한 말, 그러니까 다음으로 나아가려는 독특한 자아의 성취가 잠시 머무는 말 아닐까.

넘겨 본 잡지들

이것이 독립출판에 대한 오해일지언정, 이 일로 나는 유엘씨와 동행할 법한 책을 독립잡지 카테고리에서 발견해보려는 생각을 덜어냈다. 그리고 유엘씨와 가까운 책들, 유엘씨 너머에 있는 책들을 한국의 독립출판이 아닌 그동안의 경험 속에서 찾아보았다. 유엘씨를 시작하며 제일 처음 떠올리고 찾아봤던 책은 취리히 연방 공과대학교(ETH Zürich)의 크리스토퍼 지로(Christophe Girot) 교수가 펴내는 『팜플렛(Pamphlet)』과 『랜드스크립트(Landscript)』였다. 『팜플렛』은 지로 교수가 학생들과 함께 이루어낸 성과물을 모아 내는 빠르고 가벼운 출판물이고 『랜드스크립트』는 다양한 분야 전문가의 심도 있는 이론적 성과물을 엮어내는 느리고 무거운 출판물이다. 『팜플렛』은 2005년부터 2023년까지 19년간 27권, 『랜드스크립트』는 2012년부터 2022년까지 11년간 6권 나왔다. 아래는 지로 교수의 웹사이트[1]에 게시된 두 출판물의 소개글이다.

'팜플렛'은 지로 교수의 교육과 연구 결과를 발표하는 연간 연속출판물의 제목이다. '팜플렛'은 독일어와 영어로 쓰이며 다양한 전문가들이 건축과 설계에서 비판적 질문을 제기하는 플랫폼을 제공한다. 이 책의 목표는 연구 결과를 기록해 관심 있는 독자가 이용할 수 있도록 하고, 동시대의 전문적 담론에 기여하는 것이다.[2]

'랜드스크립트'는 경관 미학에 관한 출판물로, 다양한 분야의 저자를 초대해 자연을 인식하고 표현하고 사고하는 기존의 방식을 재고하는 기회를 마련한다. 취리히 연방 공과대학교 조경 학장인 크리스토프 지로 교수를 중심으로 하며 시각 연구, 조경 연구, 철학 등 다양한 분야의 저명한 국제 전문가로 이루어진 편집위원회가 운영한다. 이 출판물은 이론의 우수성을 보장하고 경관에 대한 관습적 인식을 바꾸는 역할을 한다. '랜드스크립트'의 목표는 학술적 수준에서 경관 미학에 대한 논의를 발전시키는 것이다. 오늘날 우리가 실제로 생각하고, 바라보고, 행동하는 방식에 초점을 맞춰 우리에게 익숙해진 경관 분석의 진부한 연역적 해설을 뛰어넘기 위한 개념적 도구가 무엇인지 살펴보고, 이러한 문제를 공개적이고 비판적으로 논의할 것이다. 동시대 경관 미학의 토론장으로서 '랜드스크립트'는 현재의 시각적, 환경적 혁명 속에서 심각하게 뒤처져 있던 이론적 논쟁을 다시 불러일으킬 것이다.[3]

유엘씨는 같은 학교 대학원생의 글이 많았다는 점에서 『팜플렛』과 비슷한 면이 있었고, 미학과 이론의 영역에서 문제의식을 가지고 글을 쓰려던 점에서 『랜드스크립트』와 비슷한 면이 있었다. 완성도, 전문성, 호흡의 측면에서 두 책은 달랐지만 훗날의 유엘씨를 상상하며 이 책이 『팜플렛』과 『랜드스크립트』의 사이 어딘가에 있으리라 생각을 했다.

다음으로 눈여겨봤던 책은 『하버드 디자인 매거진(Harvard Design Magazine)』이다. 워낙 저명하기에 설명할 필요가 없는 잡지다. 이 책은 1997년부터 2023년까지 27년간 51권 발간됐다. 디자인 잡지답게 정갈하면서도 지루하지 않은 편집 디자인이나 원고의 깊이, 이슈의 기획, 다학제적 필자 구성 등 참고할 여지가 많았다. 물론 퀄리티의 측면에서 이 잡지를 모델로 삼는 것은 괴롭다. 다만 취하고 싶은 게 있다. 『하버드 디자인 매거진』이 시의성 있는 잡지이면서도 지나가듯 소비되지 않고 다시 손에 잡히는 잡지인 것은 그 기획의 힘, 그리고 학술적 에세이라는 형식 때문이라 생각된다.

국내에 그리 알려지지 않은 건축 잡지로 『다이달로스(Daidalos)』라는 책이 있다. 나는 독일에서 공부하고 오신 선생님의 서가에서 이 책을 보았는데, 한눈에도 작품과 이미지보다는 생각과 글을 위한 잡지임을 알 수 있었다. 본문에 독일어와 영어 두 언어가 같이 쓰인 이 잡지는 1981년부터 2000년까지 20년간 75권 발행되었다. 『다이달로스』는 '건축, 예술, 문화'의 역사·이론을 다루고 심도 있는 비평과 에세이를 실었는데, 광고 수익이 급속히 떨어진 나머지 출판사의 결정으로 갑작스레 폐간되었다.[4]

선생님의 서가에서 이 책을 본 뒤 호기심이 인 나는 관련 정보를 찾아보다 모니터 앞에서 작게 탄성을 질렀다. 2022년 7월부터 온라인판 『다이달로스』가 간행되고 있었다.[5] 새로운 『다이달로스』는 한 달에 한 편씩 웹사이트를 통해 에세이를 출판한다. 책들이 꽂힌 서가를 그대로 옮긴 듯한 첫 화면부터 가독성과 심미성을 모두 잡은 본문·각주·사이드바 디자인, 무심코 열었다가 연달아 스크롤바를 넘기고 마는 텍스트와 이미지까지. 이래저래 지면과 화면을 만지작 거리는 나로서는 그 솜씨에 절로 고개를 끄덕였다. 모바일에서도 그 쾌적함과 세련됨은 이어졌다. 개정판 『다이달로스』의 변모는 유통 방식과 디자인에 그치지 않는다. 다음은 웹사이트의 'about' 카테고리에 쓰인 『다이달로스』의 일곱 가지 기조이다.

다이달로스는 심오함을 갈망한다.
다이달로스는 공명하는 공간이다.
다이달로스는 저자를 존중한다.
다이달로스는 적절한 간격으로 제공된다.
다이달로스는 발자취를 따른다.
다이달로스는 다이달로스는 열려 있다.
다이달로스는 비영리다.[6]

요컨대 『다이달로스는』 깊이와 울림을 추구하고 쓰기와 읽기를 고려하며 전통을 따르면서도 새로운 참여를 독려한다. 그리고 이 잡지는 수익에서 자유롭다. 선언적으로 읽히는 일련의 진술들은 당연한 듯 하면서도 『다이달로스』의 고유성을 잘 보여준다. 말하자면 이 책은 문해(literacy)의 힘과 그 일의 요건을 주시한다. 그 형식과 내용 모두에서, 깊이와 울림 측면에서 주목할 만한 시도임은 분명하다.

정보 제공의 기능을 간과할 수 없는 연속간행물의 세계에서 특출난 입지를 다진 건축 잡지로 『팸플릿 아키텍처(Pamphlet Architecture)』를 빼놓을 수 없다. 유엘씨보다 약간 작고 얇은 이 잡지는 건축가 스티븐 홀(Steven Holl)과 윌리엄 스타우트(William Stout)가 1978년 창간해 2023년까지 46년간 37권의 책을 냈다.[7] 이 책은 기성의 바깥에 위치한 신진 건축가와 새로운 이론을 일으키고 드러내는데 주력했다. 권마다 건축가를 특정했으며 들쭉날쭉한 출판 간격과 편집 구성, 그럼에도 불구하고 강력하고 단단한 정체성을 일궈낸 반세기의 일관성이 돋보인다. 작품이 곧 이론이라는 선언 못지않게 "작은 규격, 저렴한 가격, 그러나 커다란 효과"라는 책 소개에도 눈길이 간다. 2023년 9월 뉴욕 a83 갤러리에서 『팜플렛 아키텍처』의 40여 년 성과를 전시하기도 했다.[8]

가까운 움직임들

건축에 『SPACE』(1966년 창간, 통권 679), 조경에 『환경과조경』(1982년 창간, 통권 428)이 공고히 자리잡은 국내 잡지계에도 최근 주목할 만한 시도들이 등장했다. 유엘씨가 처음 시작된 2020년 즈음부터 소규모 연속간행물 형식의 건축·도시 분야 잡지가 창간되었으며 이들 중 다수는 크라우드 펀딩을 활용했다.

지역과 도시에 초점을 맞춘 매체로는 비무장지대의 로컬 콘텐츠를 탐사하는 『about dmz』(2020년 창간)와 "가장 현재적인 도시이슈를 큐레이션 하는 도시전문미디어" 『요즘도시』(2021년 창간)가 있다. 건축에 초점을 맞춘 매체로는 "도시를 만드는 사람들"을 표방하는 『도만사 매거진』과 한양대학교 건축학부가 Hanyang Architecture Review의 스페셜 에디션으로 출간하는 『아키라우터(archirouter)』가 있다.[9]

각각의 책들은 저마다의 문제의식과 동인을 가지고 기존 출판물과는 다른 행보를 걸었다. 『about dmz』는 거리에서, 인식에서 밀려나 있는 경계지대를 지면으로 끌어와 현지 콘텐츠를 큐레이션 해낸 생생함을 느낄 수 있다. 『요즘도시』는 도시 차원의 세태와 동향을 탄탄한 근거와 읽을거리를 바탕으로 설득력 있게 조명해낸 시도라 할 수 있다. 『도만사 매거진』은 건축적 시선과 도구를 통해 현상을 파악하고 드러내는 관찰력과 표현력이 돋보인다. 건축에 국한되지 않는 디자인·예술 분야와의 동행과 문화공간 운영도 주목된다. 『아키라우터』는 특정 키워드를 중심으로 역사적 문헌과 동시대 문헌을 함께 엮어냄으로써 건축의 근본적 문제를 짧은 글-긴 생각-두꺼운 맥락의 층위로 고민할 기회를 제공한다.

이미 존재하는, 아직 오지 않은

앞에서 유엘씨가 훗날 『팜플렛』과 『랜드스크립트』 사이 어딘가에 있으리라 생각했다고 썼다. 이를 확장해 말해보면, 나는 앞으로의 유엘씨가 이 글에서 거론한 열 권의 잡지 사이 어딘가에 있으리라 생각한다. 그렇게 생각하는 이유는 두 가지다. 하나는 우리가 기존의 시도들로부터 완전히 동떨어진 방식의 무언가를 할 거라 보지 않기 때문이다. 다른 하나는 우리가 해온 것과 할 것들이 기존의 시도와 똑같지 않으며, 따로 또 같이 유동하며 새로운 차원으로 나아가리라 기대하기 때문이다.

출간 의도, 기획 방식, 간행 간격, 필자 구성, 매체 선정, 지면 규격, 편집 양식 등에서 언급한 책들은 모두 다르다. 기록과 창작, 조망과 천착, 동향과 작품, 리뷰와 에세이, 온라인과 오프라인 등 여러 잡지들을 늘어놓았을 때 드러나는 다양한 스펙트럼은 중첩되고 교차하지만 엄연히 다른 방향으로 나아가려는 힘을 가지고 있다. 기존의 잡지들은 이러한 스펙트럼의 도구들을 적절히 활용해 내적 다양성을 유지하면서도 고유한 성질을 자아내기 위해 애쓰고 있다. 지금의, 그리고 앞으로의 유엘씨 역시 마찬가지일 것이다.

스펙트럼이라는 흐릿한 시각을 밀어두고 한 가지 뚜렷해 보이는 점을 꼽는다면, 살펴본 잡지들이 그다지 영리를 추구하지 않는다는 것을 들 수 있다. 잡지를 만드는 일, 특히나 이처럼 상업적 의도가 없는 잡지를 만드는 일은 정말로 실리가 나지 않는 일이다. 금전의 문제를 떠나 가시적 성과가 나타나지 않는다. 그럼에도 불구하고 사람들은 왜 이러한 잡지를 만드는 것일까? 사회와 업계에 꼭 필요하다고 여기기 때문일까? 아니다. 그 전에 쓰기와 읽기가, 그로 인한 대화가, 책을 만드는 작업이 즐겁기 때문이다. 시간이 흐르며 우리는 더 세련되고 노련해질 것이다. 그런데도 여전히 우리가 이런 책을 만들고 있다면 여전히 새로움을 구하기 때문일 것이고, 달리 말하면 철이 없기 때문일 것이다. 그리고 그 철없음은 여전히 예상치 못한 계기를 가져올 테다.

---

[1] https://girot.arch.ethz.ch/ 두 시리즈의 책 중 일부는 웹사이트를 통해 전자책으로 볼 수 있다.

[2] https://girot.arch.ethz.ch/series-publications/pamphlet-series/pamphlet-series

[3] https://girot.arch.ethz.ch/series-publications/landscripts/landscript-series

[4] 마지막 편집장이었던 게릿 콘푸리우스(Gerrit Confurius)가 2022년 재개한 『다이달로스』에 쓴 글에 『다이달로스』의 성격과 폐간, 재간의 전말이 간명하게 쓰여 있다. Gerrit Confurius, "Permanence as a principle", 2022.7.11. https://www.daidalos.org/en/articles/permanenz-as-a-principle/

[5] 다음 웹사이트에서 개정 발행 중인 『다이달로스』 전문을 볼 수 있다.
https://www.daidalos.org/

[6] 웹사이트에는 각각에 대한 부가 설명이 달려 있지만 여기서는 생략한다.

[7] 『팜플렛』 웹사이트에 각 권의 개요를 볼 수 있다. https://pamphlet-architecture.com/; 또한 전자책 플랫폼 ISSUU에서 "pamphlet architecture"를 검색하면 Princeton Architecture Press가 올려놓은 『팜플렛 아키텍처』의 샘플을 볼 수 있다.

[8] 건축 전문지 'The Architect's Newspaper'에 전시 리뷰가 실려 있다. https://www.archpaper.com/2023/09/behind-glass-pamphlet-architecture-a83-gallery/

[9] 『아키라우터』는 종이책으로 발행하지만 현재 한양대학교 건축학과 웹사이트에서 전자책으로도 볼 수 있다. https://www.architecture.hanyang.ac.kr/archirouter

Landscape

조경동네 책갈피

남기준 / namkeejun@hanmail.net

출판동네 그래프

지루하지만 숫자로 시작한다. 수치는 무섭지만 명쾌하다. 때론 숫자 자체가 어떤 힘을 갖기도 한다. 2022년 문화체육관광부에 등록된 출판사 수는 75,324개다. 2012년 42,157개에서 33,000개 이상 늘었다. 매년 3,000개 이상의 출판사가 창업해야 가능한 수치다. 2000년대부터 지금까지 출판동네 사람들이 입버릇처럼 내뱉는 '단군 이래 최악의 불황'이란 탄식이 무색할 지경이다. 물론 출판사 등록만 해놓고 1년에 단 1종의 책도 출간하지 않는 곳이 부지기수다. 올해 11월 30일에 출간된 『2023 한국출판연감』[1]에 따르면 2022년 신간 발행 종수는 61,181종으로 2021년 대비 5.4% 줄었고, 발행 부수는 72,910,992부로 역시 전년 대비 8.8% 감소했다. 평균 가격만 17,869원으로 전년보다 4.4% 올랐다. 신간 발행 6만 종, 발행 부수 7천만 부의 출판시장에 출판사 수가 7만5천 개라는 현실은 쉬이 납득하기 어려운 요지경이다. 국내 1위 단행본 출판사(참고서 제외)인 김영사의 2012년과 2022년 성적표를 보면 10년 전이나 지금이나 매출은 약 350억 원으로 같은데, 영업수지는 19억 원 흑자에서 5억 원 적자가 됐다고 한다.[2] 반면 국내 최대 독서 플랫폼인 밀리의 서재는 올해 3분기 역대급 실적을 달성했다. 올해 3분기 누적 매출 406억 원, 누적 영업이익 75억 원을 기록하며 2016년 창립 이래 역대 최대 실적을 올렸다고 한다. "밀리의 서재는 독자적인 콘텐츠를 기반으로 한 전자책 구독 서비스 가입자의 지속적 증가를 성장 동력으로 꼽았다. 양요섭, 윤두준, 손동운을 모아 만든 웹예능 '하라는 독서는 안하고'가 대표적인 콘텐츠다. 독서에 관심 없는 MZ세대에게, 상대적으로 친숙한 아이돌 3인방이 요즘 유행하는 베스트셀러를 소개하는 내용의 예능 프로그램이다. 또 황보름 작가의 『어서 오세요, 휴남동 서점입니다』, 김영하 작가의 『작별 인사』, 김초엽 작가의 『지구 끝의 온실』과 같은 유명 작가들과의 협업을 통한 밀리의 서재 오리지널 도서도 새로운 잠재고객을 확보하는데 큰 기여를 한 것으로 분석된다."[3] 그렇다고 전통적인 종이책 시장이 온라인 플랫폼으로 대체되었다고 보긴 어렵다. 온라인 플랫폼을 기반으로 출판사 창업이 늘고 있는 것도 아니다.

독립출판 생태계

그럼 출판사 창업이 줄지 않는 이유는 무엇일까? 수다한 원인 중 하나는 독립출판의 유행에서 찾을 수 있다. 포털 사이트에서 독립출판으로 검색하면 셀 수 없을 정도의 게시물이 검색된다. 분석 글도 많지만 경험담이 압도적이다. 출판 기획부터, 원고 쓰기, 디자인 편집, 인쇄 제작, 유통, 홍보에 이르기까지 출판의 전 과정을 몇 번의 클릭만으로 엿볼 수 있다. 믿을 만한 출판 강좌도 여럿 검색된다. "그냥 취미로 독립출판을 하고 싶음. 난 직업이 있고 전업작가가 되려는 것도 아니니 독립출판을 할까 싶어"와 같은 글도 검색 결과 첫 페이지에서 만날 수 있다. 기존 출판사에서 적지 않은 비용과 인력과 시간을 들여 펴낼만한 아이템은 아니지만, 자신이 생각하기에 '세상에 이런 책 한 권쯤 있으면 좋겠다'는 소박한 바람이 독립출판으로 이어지기도 한다. 다른 글[4]에서 소개했듯이 책에는 ISBN이란 고유번호가 있다. 그 ISBN 번호를 받아서 자기가 만들고 싶은 책을 펴내기 위해 출판사 등록을 하는 이들도 적지 않다. 또 독립출판은 출판이 목적이 아니라 다른 창작물 혹은 프로젝트를 소개하고 공유하기 위한 미디어이자 수단이 되기도 한다. "독자들에게는 세상의 다양한 이야기가 담긴 독립출판물을 한자리에 모아 소개하고, 창작자들에게는 새로운 작품과 우정을 기념하는 자리를 만들고자 합니다. 누구나 창작자가 될 수 있는 독립출판 세계에서는 작고 소중한 이야기일수록 빛나는 콘텐츠가 될 수 있습니다."[5] 올해 12월 독립출판을 하고 있는 125팀이 참여해 진행된 '미우스 북페어'의 행사 소개 문구다. 문구 디자이너, 예술공간 운영자, 책방 주인, 문화공간 기획자, 프리랜서 창작자, 크리에이티브 디렉터 등 참가자의 면면도 다양하다. 여기에서 타 산업과 구분되는 출판산업의 독특한 지형을 엿볼 수 있다. 산업의 핵심은 당연 '생산'이다. 그것이 재화건 서비스건 무언가를 생산하는 것이 산업이다. 생산은 수익과 결부된다. 아니 그래야 한다. 그런데 독립출판은 반드시 수익과 연결되지 않는 경우가 존재한다. 그것도 꽤 빈번하게.

독립출판과 1인출판의 큰 차이점 중 하나는 유통 방식이다. 상당수의 1인출판사(소규모 출판사)는 기성 출판사와 동일하게 대형서점과 온라인서점을 통해 책을 배본한다. 1인출판사는 창업 초기여서 규모가 작거나 의도적으로 작은 규모로 출판사를 운영하지만, 대부분 출판이 생업이자 본업인 경우가 많다. 유통 방식이 기성 출판사와 동일한 까닭이다. 하지만 독립출판은 독립서점, 크라우드 펀딩, 소셜 네트워크 서비스를 통한 직접 유통이 대세다. 출판의 목적 자체가 1인출판과 다른 경우가 많다. 또 독립출판을 하는 이들은 출판은 부캐고, 대부분은 본캐가 따로 있다. 독립출판의 활성화 배경에 대해 '책방 연희' 운영자이자 『여행자의 동네서점』을 쓴 구선아는 "첫째는 나를 표현하는 것이 자연스러운 시대가 되었다. 둘째는 독립서점의 증가다. 셋째는 집단의 이야기가 아닌 개인의 이야기에 귀 기울이기 시작한 요즘의 시대상"[6]이라고 분석한 바 있다.

조경동네 출판물

'design studio loci 10년의 기록'이란 부제가 달려 있는 『DOCUMENTATION』의 발행처는 design studio loci고, 발행인은 박승진이다. "A4 용지 한 장의 크기는 긴 쪽이 297밀리미터이고 짧은 쪽이 210밀리미터이므로 면적은 대략 0.06평방미터다. 한 장을 바닥에 놓는다면 양 발 가지런히 모아야 간신히 올려놓을 수 있는 크기, 50장이 좀 넘는 양을 모아야만 한 평 남짓한 공간을 만들 수 있다. 가로와 세로로 칸을 만들어 작업자의 이름을 적고 날짜와 선분과 화살표들을 적절히 혼합하면 일주일의 스케줄이 만들어지고 시각화된다. 작업량이 많은 때는 지면을 채우는 잉크와 배열에도 긴장이 배어있고, 그 반대의 경우에는 슬쩍 여유가 드러난다. 2007년 봄부터 매주 만들어낸 주간 스케줄 표가 어느새 570여 장이나 쌓이게 되었으니, 축적된 시간들을 공간으로 치환하면 10평 정도의 크기를 가지게 되었다. 작은 정원을 만들 수 있고, 욕심을 버린다면 방 한 칸의 집을 올릴 수도 있겠다. 감사할 일이다."[7] 그렇게 감사한 마음으로, 박승진은 10년 동안 조경 디자인 오피스를 운영한 시간을 500여 장의 이미지로 치환해, 620쪽 분량의 독립출판물을 펴냈다. 물론 ISBN 번호도 있고 몇몇 독립서점을 통해 판매도 했다. 판형이 작긴 하지만 컬러 인쇄에 620쪽 분량인데 책값은 15,000원이다. 독립출판이니까.

3년 후 박승진은 발행처 design studio loci에서 『박승진 텍스트_북』을 펴냈다. 부제는 없지만 '쓰기의 기록'이란 글로 시작된다. 전작이 '이미지의 기록'이라면 이 책은 '텍스트의 기록'인 셈이다. 서로 조응하는 이 두 권은 모두 누드 양장이라 부르는 방식으로 제작됐다. 실로 꿰매어 제본하는 전통적인 사철 방식이면서도 책등의 속살이 보이는 제본 방식이다. 당연히 일반적인 무선제본보다 제작비가 더 든다. 그런데 책꽂이에 꽂아두면 책 제목이 보이지 않는다. 실로 꿰맨 종이 묶음만 보인다. 서점 책꽂이에서는 도무지 팔릴 수 없는 책이다. 하지만 내 책꽂이에 누드 양장은 이 두 권뿐인데다가 판형과 두께가 남달라서 이 두 권을 고르는 데는 찰나의 시간이면 충분하다. 그만큼 독특하다. 412쪽 분량의 두 번째 책 역시 책값은 15,000원이다.

'세상의 한, 흔들리는 존재로부터'란 한 줄의 텍스트로 시작하는 『태도 I·II』의 출판사는 글쓴이 이수학이 대표로 있는 '아뜰리에 나무'다. 1권 600쪽, 2권 624쪽, 총 1,224쪽 분량이다. 책 구입처로는 아뜰리에 나무 사무실 근처의 동양서림이 소개되어 있다. 서울시 종로구 창경궁로 271-1, 1층. 아뜰리에 나무는 2022년 12월 10일에는 『떠나던 날의 풍경, 개망초가 흐드러지게 핀 여름날이었습니다』를, 같은 해 4월 15일에는 『이일훈1.0 | 제주』를 펴내기도 했다. 그보다 훨씬 이른 독립출판의 시작은 2002년 1월 7일에 펴낸 『태도_조경|행위|반성|시작』이었다. 당시 이 책은 조경설계사무소 '녹색나무'를 운영하던 이동철이 출간했고, 이수학은 그 책에 대한 응답으로 이동철의 『드로잉』을 2004년 3월 '아뜰리에 나무'에서 출간했다. 조경설계사무소를 운영하는 두 명의 소장이 서로의 책을 내준 것이다. 그 때는 지금처럼 크라우드 펀딩, 독립서점, SNS 등이 활성화되기 전이라 교보문고 등 몇몇 대형서점 위주로 유통되었다.

조경동네 독립출판의 시초는 1998년 조경의 대안적 담론 공간을 모색하며 조경진, 박승진, 배정한이 공동 편집장으로 참여하고 정영선이 발행을 맡아 2호까지 펴낸 『LOCUS』라 할 수 있다. 조경설계 서안이 출판 등록한 '도서출판 조경문화'에서 1998년 5월 22일 『LOCUS 1 - 조경과 문화』를, 2000년 7월 1일에는 『LOCUS 2 - 조경과 비평』을 펴냈다. 『LOCUS』 1호의 서문은 "세기말은 우리 조경가에게 그 어느 때보다도 많은 과제를 부여하고 있다. 조경은 자연과 문화 사이의 무너진 다리를 복구시켜야 한다. 조경은 인간과 땅 사이의 본래적 관계성을 회복시켜야 한다. 조경은 예술과 환경을 중개하는 실험적 실천을 선도해야 한다. 조경은 우리의 공간과 장소에서 사라져 버린 아름다움과 힘과 뜻을 되살려야 한다"라는 문장으로 시작된다. 독립출판이라 할 순 없지만 '조경비평 봄'이 함께 써서 2006년에 펴낸 『봄, 조경 사회 디자인』, 2008년에 출간한 『봄, 디자인 경쟁시대의 조경』, 2010년에 나온 『공원을 읽다』, 2013년의 『용산공원: 용산공원 설계 국제공모 출품작 비평』으로 이어진 출판물도 기록해둘 만하다.

한국조경 도서전

앞서 소개한 책 중에서 『LOCUS 1 - 조경과 문화』(1998), 『LOCUS 2 - 조경과 비평』(2000), 『태도_조경|행위|반성|시작』(2002), 『봄, 조경 사회 디자인』(2006), 『공원을 읽다』(2010), 『DOCUMENTATION』(2018), 『박승진 텍스트_북』(2021)은 2022년 12월 9일부터 22일까지 선유도공원 이야기관에서 열린 "한국 조경 50년 기념전, IFLA 한국 개최 성과전"의 일환으로 진행된 '한국조경 도서전'에 전시되었다. 당시 도서전에는 『한국조경학회지』 창간호, 한국조경공사에서 펴낸 『조경설계기준집』, 계간 『조경』 창간호부터 조경학 교재, 조경작품집, 조경답사기, 에세이, 비평집, 이론서, 조경 관련 백서 등 다양한 형식과 내용의 도서 100선이 전시되었다. 조경동네 독립출판의 맥을 잇고 있는 『ULC』도 '한국조경 도서 100선'에 포함되었다.

조경독립 유엘씨

"어반 랜드스케이프 카탈로그(Urban Landscape Catalog)의 약자인데, 카탈로그에 나름 의미를 두었어요. 물건을 팔기 위해 제작하는 게 카탈로그인 것처럼, 시민들을 소비자라고 상정했을 때 도시에서 아직 팔리지 않았거나 또는 잘 팔리고 있는 상품으로서 공공 공간과 경관을 소개하는 잡지를 만들어보자는 의미를 담았죠."[8] 『ULC』(이하 유엘씨)를 펴내고 있는 박영석이 밝힌 창간의 변이다.

정기간행물이 드문 조경동네에서 유엘씨의 존재는 소중하다. 특히 새로운 필진의 발굴 측면에서 독보적이다. 제법 내밀한 이야기를 담담하게 또 친숙하게 담아내는 편집도 신선하다. 2020년부터 지금까지 4년 동안 9권을 펴냈고 이번호가 10번째다. 조경동네 독립출판의 효시로 소개한 『LOCUS』도 2호까지만 나왔다. 그러니 유엘씨 10호는 그 자체로 성과다. 지속가능성을 위해 유엘씨가 구축한 시스템도 현명하다. 120쪽 내외의 분량, 텍스트 위주의 흑백 인쇄, 크라우드 펀딩을 통한 최소 인쇄비 확보, 효율적인 편집 작업 등이 받쳐주지 않았다면 유엘씨 10호는 만날 수 없었을 것이다. 정기간행물로서도 의의가 있지만 지속적으로 독립출판을 이어가는 점이 더 돋보인다. 독립출판의 매력 중 하나는 이것저것 재고 따지고 신경쓰다보면 펴낼 수 없는 책을 펴낼 수 있다는 점 아닐까. 그렇기 때문에 독립출판의 과정을 거쳐 나온 출판물은 만든이들의 목소리가 짙게 담겨 있다. 그리고 그 짙은 목소리는 미지의 독자와 교감하는 접점이 된다. 일이 손에 잡히지 않을 때, 박승진이 펴낸 책을 책꽂이에서 꺼내 아무 페이지나 펼쳐본다. 텍스트 몇 줄 읽고, 사진 몇 장 보고는 다시 자리에 앉는다. 조금은 차분해진 마음으로.

다만 자신의 작업을 소개하는 독립출판물과 유엘씨의 지향점은 조금 다를 것이다. 전자는 아카이빙 그 자체로 독립출판의 목적을 이룰 수 있다. 그 아카이빙을 좋아하는 미지의 독자와는 별개로 말이다. 그런 면에서 유엘씨의 작업은 박승진의 독립출판물보다는 『LOCUS』와 닮았다. 뚜렷한 지향점이 있다는 점에서 특히 그러하다. 지속가능성을 조금씩 키워가는 유엘씨는 조경동네 출판계에 10개의 뚜렷한 책갈피를 꽂았다.

11번째 책갈피가 더 크고 두꺼울 필요는 없을 것이다. 책갈피의 숫자만큼 책갈피의 컬러가 선명해지길 기대해본다.

아카이빙 기록물

사족을 단다. 서두에서 소개한 『2023 한국출판연감』에는 출판과 만화 산업 현황, 주요 출판 기업의 매출·영업이익, 도서관·서점 현황, 소비·독서 현황, 저작권 등에 관한 자료가 상세히 담겼다. 아울러 국내 주요 선정 도서와 연간 베스트셀러, 해외 진출 도서를 비롯해 노벨문학상과 부커상 등 해외 문학상 소개와 국내에 번역·출간된 수상작 정보도 한 눈에 볼 수 있다. 한마디로 산업으로서의 출판을 책 한 권으로 속속들이 파악할 수 있다. 본문만 1,068쪽에 달하고, 부록은 그보다 많은 2,174쪽에 이른다. 정가는 130,000원이다.

『2024 한국조경연감』의 출간은 불가능하겠지만 어떤 식으로든 아카이빙 작업은 필요하다. 요즘 들어 숫자의 중요성이 더 크게 느껴진다.

---

[1] 『2023 한국출판연감』, 대한출판문화협회, 2023. 11. 30.

[2] "'피터팬'처럼 성장 멈춘 한국 출판사들", 『한국경제』, 2023년 12월 6일자

[3] "'하라는 독서는 안하고 남자 셋 수다 떨더니' 3개월 만에 146억 원, 대박났다", 『헤럴드경제』 2023년 11월 15일자

[4] 남기준, "텍스트로 읽는 한국 조경", 『한국 조경 50년을 읽는 열다섯 가지 시선』, 도서출판 한숲, 2022.

[5] "우리 첫 책 소개합니다… 독립출판 125팀 한자리", 『국제신문』 2023년 12월 5일자

[6] 구선아, "출판계 지형 바꾸는 독립출판의 현상과 의미", www.yeonhui.com에서 참조

[7] 박승진, 『DOCUMENTATION』, design studio loci, 2018, p4.

[8] 김모아, "어제의 대화, 오늘의 재구성: 공간과 사람 사이의 이야기 – 박영석", 월간 『환경과조경』 2023년 10월호

Landscape

건축매체는 어떻게 독자와 만나는가

김정은 / lalart@hanmail.net

메일함을 열어보면 수신자가 정확히 내 이름인 메일을 찾기 어려울 정도로 다양한 메일들이 도착해 있다. 스팸이 아니라 나 스스로 신청한 각종 플랫폼의 뉴스레터다. e-flux나 ArchDaily, Dezeen 같은 웹 기반 매체부터, 국내외 미술관과 잡지사, 공간 큐레이션을 표방하는 각종 플랫폼의 뉴스레터들이다. 인스타그램을 위시해 페이스북, X(이전 트위터), 유튜브에서는 건축가(창작자) 스스로 발신하는 다양한 건축물, 행사, 출판 소식이 넘쳐난다. 얼핏보면 비용을 들이지 않고도 수많은 콘텐츠를 접할 수 있고, 그 어느때보다 공간에 대한 관심이 큰 것처럼 보인다. 하지만 스스로 관심사를 넓히지 않는다면 알고리즘이나 포털의 의도에 따라 편집된 세계 안에만 머무를 수도 있다. 이런 시대에 나는 협소하게는 건축을, 광범위하게는 도시, 조경을 아우르는 주제로 올드미디어라고 불리는 종이잡지를 만들고 있다.

종이잡지의 현실은 의외로 잡지 본래의 특성에서 파악할 수 있다. '잡지(magazine)'의 어원을 찾아보면, '창고'란 의미에서 출발했다. 잡지를 '정보의 창고'라고 비유적으로 부르기도 하는데, 이 창고에 단순히 정보를 쌓아두는 것이 아니라 '가공된 정보'를 쌓아두는 것이다. 정보 선별 자체가 이미 가공이자 발언의 시작이다. 또한 잡지의 중요한 특성 중 하나가 정기적으로 발행된다는 점이다. 한두번 나오다 말거나 나오는 시점을 예측할 수 없다면, 그건 잡지라 부를 수 없다. 따라서 잡지라면 정기적으로 출간할 수 있는 동력이 있어야 한다. 단순히 물리적 실체로서 종이묶음을 인쇄하고 제본하는 것이 아니라, 그것을 둘러싼 시스템을 유지할 수 있는 지속가능성이 필요하다. 그 지속가능한 동력은 무엇일까?

우선 전하고 싶은 메시지나 정보에 대한 수요가 있거나 수요를 창출할 수 있어야 한다. 최근 도시, 건축, 조경에 대한 수요나 대중의 관심이 무척 높은 것처럼 보인다. 하지만 전문가 집단이 전하고 싶은 이야기와 대중이 보고 싶은 정보는 다를 수 있다. 예를 들어 대중이 생각하는 '건축'은 주택이나 카페, 스테이의 멋진 사진일 수 있고, '조경'이라면, 정원가꾸기, 플렌테리어가 주요 관심사일 수 있다. 반면 전문가들이나 잡지를 만드는 사람은 공공성 이야기를 하고 싶을 수도 있다. 이렇게 관심의 출발선이 다르면 수요와 공급이 만나기 어렵다. 사람들이 원하는 정보가 잡지라는 형태로 상품화되지 못하거나, 제대로 된 정보에 제대로 된 값을 지불하는 소비자층이 얇거나, 광고생태계의 변화가 상업잡지의 위기로 이어진다. (민간회사에서 운영하는 『SPACE』 역시 상업지다.) 도시분야에 학술지(기관지)나 독립잡지 외에 잡지가 없는 이유는 여러 가지가 있겠지만 뚜렷한 광고주가 없기 때문이기도 하다. 최근 사람들이 디지털 기반 동영상으로 정보를 주고받으며 광고업계 역시 종이잡지에 광고를 하기보다는 영향력 있는 유튜브 동영상에 광고를 넣길 원한다. 이제 종이잡지는 시대의 흐름에 뒤떨어진 정보전달 플랫폼으로 평가받고 있다. 따라서 전문가들과 담론을 나누는 동시에 일반인들에게도 다가가 저변을 넓히고자 하는 전문잡지사 역시 어떤 형식과 눈높이로 콘텐츠를 전달하느냐가 생존과 밀접한 관계를 맺는다.

그러면 디지털 시대에 잡지는 어떻게 대응해야 할까? 지금의 『SPACE』가 정답을 가지고 있다거나, 성공적으로 대응하고 있다고 말하기보다는 발행의 다양한 방식을 결합하면서 그 대응을 찾아가는 과정을 설명하고 싶다.

전달하는 매체에 따라 독자들이 기대하는 내용이나 형식도 달라진다. 따라서 기존의 종이잡지는 소장가치와 아카이브적인 가치를 우선으로 고려한다. 도시·건축계에는 여러 이슈들이 있지만 개별 논의에 대응하기보다는 보다 근본적인 문제를 짚는 특집을 선호한다. 예를 들어 건축계에서는 공모전에 관한 소식이나 결과에 관심이 높은데, 『SPACE』에서 운영하는 웹사이트 VMSPACE에서는 관련 소식을 빠르게 알린다면 종이잡지에서는 '설계공모, 10년의 경험'(2023년 11월호)과 같이 긴 안목의 기획을 준비한다. 건축잡지의 핵심이라고 할 수 있는 건축물 소개의 경우, 종이잡지에서는 방향성이 뚜렷한 작업들을 소개한다면, VMSPACE에서는 대중적으로 좀더 관심을 가질만한 작업들을 폭넓게 게재하면서 독자층을 넓히려고 노력한다.

물론 종이잡지에 수록된 기사들도 웹페이지의 레이아웃에 맞게 재구성해 게시되고 있으며, 1966년 창간호부터 현재까지 600권이 넘는 과거의 잡지를 E-매거진으로 만들어서 볼 수 있게 만들었다. 그렇지만 특수한 연구나 조사 목적을 가지지 않은 사람들이 그냥 웹사이트에 들어와 기사를 살펴보는 행동패턴을 보이지는 않는다. 웹사이트는 아카이브일 뿐이다. 그래서 우리의 고민은 수장고에 비유할 수 있는 웹사이트를 마치 보이는 수장고처럼 상시 사람들이 방문하여 볼 수 있도록 수장품들을 전시하고 홍보하는 것이다. 무엇보다 독자를 VMSPACE로 연결하기 위해서 SNS와 뉴스레터 등을 적극적으로 활용한다. 기자들의 일상적 취재활동도 인스타그램에 보여지면서 향후 나올 기사에 대한 관심을 유도해야 하는 시대가 되었고, 광고주 역시 인스타그램 홍보에 관심을 보인다. 이러한 매체들을 활용할 때는 원천 콘텐츠에서 변형되거나 부가되는 내용을 담으려고 한다. 예를 들어 젊은 건축가들을 릴레이로 인터뷰하는 『SPACE』의 연재기사는 SPACE 학생기자들이 인터뷰 장면을 영상으로 촬영하고 편집해 SPACE 유튜브 채널에 게시하고, 이 소식은 뉴스레터와 SNS로 알리는 식이다.

뉴스레터의 경우도 처음에는 『SPACE』의 발간 소식을 알리는 용도로 시작됐다. 그러나 수많은 뉴스레터들이 경쟁하는 가운데 잡지 콘텐츠를 반복하는 것은 피로감만 더할 뿐이었고 뉴스레터에도 독자적인 주제가 필요하다는 결론에 이르러, 공간 큐레이션 개념을 추가하기 시작했다. '에버그린 콘텐츠'란 말이 있다. 수많은 휘발성 기사들의 모음을 토대로 새로운 맥락을 만들어낸다는 개념이다. 『SPACE』 역시 현재 생산되는 기사뿐만 아니라 누적된 여러 기사를 활용해 새로운 맥락을 만들고자 한다. '건축가가 도시에 숨겨놓은 도서관'이나 '식물도 눈여겨봐야 하는 공간들', '전국카페자랑: 도심 외곽편' 등은 최근 호에 소개된 작업들과 과거에 소개된 작업들을 시의성 있는 주제와 연결시켜 마련한 뉴스레터의 제목이다. 공간을 큐레이션한다는 말은 결국 사람들이 직접 가보고 싶은 마음이 들도록 정보를 편집한다는 말이다. 현재 VMSPACE와 뉴스레터에서는 건축물의 위치를 표시한 지도 정보를 제공하고 있다. 이러한 답사지의 리스트와 위치 정보는 VMSPACE의 TOUR 메뉴에서 취합되며, 중장기적으로는 이와 연계해 답사 프로그램을 운영할 계획이다.

고전적이지만 『SPACE』에 소개된 콘텐츠를 묶어서 단행본을 내는 것 역시 다양한 발행 방식의 한 가지다. 2021~2022년에 연재된 '리-비지트

『SPACE』'는 과거 『SPACE』를 지금의 시각으로 다시보는 기획이었다. 연재 당시 발굴된 주제는 보완하고 확장하여 곧 단행본으로 발행될 예정이다. 쌓여 있는 과거의 기사들을 조합해서 새로운 해석의 여지가 있는 맥락을 만드는 것이다.

종이잡지와 웹사이트가 정보가 차곡차곡 쌓이고 인적 네트워크가 만들어지는 창고이자 아카이브라면, 매체 다변화 시대에 중요한 건 창고 속 데이터를 재연결-재편집하여 각 데이터 간의 새로운 관계를 수면 위로 올릴 수 있는 가능성이다. 그 결과물은 전시가 될 수도 있고, 종이책이나 영상이 될 수도 있으며, 또 다른 무엇이 될 수도 있다. 그렇게 잡지사라는 플랫폼은 정보를 매개하고 지식과 담론을 생산하며, 생태계의 일부로 작동한다. 결국 지금 우리에게 필요한 건 새로운 맥락을 기획하고 조직할 수 있는 편집감각일 것이다.

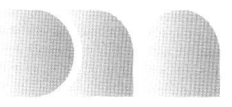

Medium

Medium

도시경관 × 책, 컬럼

그래서 하고 싶은 말이 뭔데?

김지나 / k17jinaa@gmail.com

시사저널에 '문화로 도시읽기' 칼럼을 연재한지 어느덧 만 7년이 됐다. 그만큼이나 시간이 흘렀는지 모르고 있었는데, 이 글을 쓰기 위해 햇수를 헤아려보다 깨닫게 된 사실이다. 그래서 우선 ULC에 감사함을 표한다. 나를 도시경관 책과 칼럼을 쓰는 사람들의 대표로 선정해줘서, 또 이렇게 내 자랑을 늘어놓을만한 지면을 허락해줘서, 이 기회에 내가 그동안 '문화로 도시를 읽은' 세월을 되짚어보게 해줘서.

처음 칼럼을 연재할 기회를 얻었을 땐 마냥 설렜다. 내 이름이 박힌 칼럼 메뉴가 인터넷 망망대해 한 켠에 자리 잡은 모습이 흐뭇했다. 이렇게 오래 연재하게 될줄도 몰랐다. 5년차쯤 됐을 땐 나름 슬럼프도 왔었다. 오기인지 집착인지 모를 고집으로 연재 중단의 유혹을 이겨내고 나니, 나에게는 '도시문화칼럼니스트'라는 호칭과 수많은 강연, 자문, 발표의 기회들이 주어졌다. 연재가 매너리즘에 빠지면 '이제 그만 쓰시라'는 통보도 받는다는데, 무료로 기고하던 글에 시사저널이 먼저 나서서 원고료를 주겠다고 제안했다. 영화 〈쇼생크탈출〉에서 주인공이 6년동안 매주 의회에 편지를 보낸 끝에 감옥에 도서관을 만들 기금을 따냈을 때 기분이 이랬을까 싶다. 나에겐 그만큼이나 의미가 깊은 일이었다.

나는 그동안 전형에서 많이 벗어난 커리어의 궤적을 만들어 가고 있었다. '문화로 도시읽기'는 내가 틀리지 않았음을 증명하기 위한 몸부림과 같았다. 인류학도, 조경도, 관광도 아닌, 문화와 도시에 대한 나의 시선들을 뭐라고 정의해야 할까. 혹시 내가 지금 이도저도 아닌 헛소리를 하고 있는건 아닐까. 그냥 다 때려치우고 남들 많이 하는거, 요즘 잘 팔리는거 할까. 그런 내면의 갈등을 수도 없이 겪었다. '문화로 도시읽기'를 책으로 내게 됐을 때도 이 출판사에서 나오는 다른 저작물들과 결이 많이 다르다는 인상을 지울 수가 없었다. 2022년 이 책이 세종도서 우수도서로 선정됐을 때서야, 나는 비로소 이게 나의 피해망상이 아니라 차별적인 경쟁력이 됐다는 결론을 부끄러워하지 않고 내릴 수 있었다.

내가 지금 몸담고 있는(4대 보험을 받고 있는) 자유전공학부 학생들에게 이 이야기를 해주면 갑자기 눈빛들이 반짝이는 게 느껴지곤 한다. 그건 이 학생들도 자신이 원하는 그 무언가, 가슴을 뛰게 하는 그 무언가가 어떤 전공, 어떤 직업으로 정의될 수 있는지 도통 혼란스럽기 때문이다. 그게 어떤 기분인지 이해하는건 어렵지 않다. 하면 할수록 더 미로 속으로 빠져드는 느낌. 당장이라도 구조 신호탄을 쏘아올려 이 미로에서 벗어나야 하는게 아닐까 싶지만, 이 안에서 길을 찾을 수도 있을 것 같은 기대감. 그 둘 사이의 끊임없는 저울질 속에 있는 것이다.

도시라는 곳도 그렇지 않나. 문화는 또 어떻고. 그 두 가지가 만났을 때는 심각하게 더 다양한 현상들이 일어난다. 그것을 바라보는 시각 또한 이 지구에 살고 있는 인구 수만큼이나 다를 수 있다. 그래서 나는 내 칼럼에 달리는 댓글을 보지 않는다. 나와 생각이 다른 익명의 사람들로부터 괜한 상처를 받고 싶지 않기 때문이다. 가끔 댓글이 유독 많이 달릴 때 궁금해서 한번 스르륵 훑어본적은 있는데, 내 글에 대한 의견이기 보다는 글 속에 등장하는 어떤 요소를 주제로 한 그들끼리의 열띤 토론에 가까웠다. '이런 이야기를 왜 여기서 하지?' 싶은 내용도 종종 있었다.

예를 들면 통영국제음악제를 다룬 글에서 대통령을 욕한다거나 하는 식이다. 물론 나름의 타당한 근거는 있다. 통영국제음악제가 간첩 혐의를 받았던 작곡가 윤이상을 기리는 축제다 보니, 당시 친북 성향이었던 정권에 대한 불만이 터져나온 것이었다. 이것도 우리가 도시를 다루다 보면 만나게 되는 수 많은 장면 중 하나인 셈이다.

하지만 이런걸 한편에 칼럼에 다 담을 순 없다. 통영국제음악제를 가지고 글을 쓴다면 정말 수만가지 이야깃거리가 나올 수 있겠지만 그 여지는 댓글창에 남겨둔 채, 나는 내가 말하고 싶은 요점 한 가지에 집중한다. 인터넷 칼럼의 경우 분량은 A4 기준으로 한페이지 반을 넘기지 않는게 좋겠다는 게 처음에 받은 지령이었다. A4 한페이지 반. 보통의 사람들이 집중해서 읽을 수 있는 최적의 분량이라고 한다. 이건 독자에게 뿐만 아니라 매달 글을 써야 하는 사람 입장에서도 매우 감사한 기준이다. ULC는 2페이지 내외를 요청했는데, 이곳 독자들은 평균보다 조금 높은 집중력을 가지고 있다는 뜻으로 해석할 수 있겠다.

아무튼 이 정도 분량이면 사실 할 수 있는 이야기가 많지 않다. 요점은 하나여야 했다. 도시에 대한 글을 쓸 때 특별히 신경쓰는 부분이 있는

지 질문을 자주 받는데, 솔직히 딱히 없다. 모든 글은 직접 현장을 다녀온 후에 쓴다는 것이 원칙이라면 원칙이다. 직접 가보지 않으면 어떤 내용으로 써야할지 도무지 감이 오지 않았다. 결론을 어느 정도 예상한 경우라도 답사를 다녀오고 나서 완전히 다른 방향으로 쓰게 되는 일도 많다. 현장에서 나는 계속 생각한다. 내가 여기서 새롭게 발견한 것이 무엇일까. 딱 한 가지만 찾아내면 된다. 그 '한 가지'들이 모여서 만들어낸 게 '문화로 도시읽기'이고, 내가 세상을 어떻게 바라보는지 정의하는 기반이 되고 있다.

대학원 시절, 우리 연구실 사람 모두를 긴장하게 만드는 교수님의 마법 같은 한 마디가 있었다. 논문이든 프로젝트든 아무리 준비를 열심히 해가도 그의 이 질문 앞에서는 다들 새하얗게 얼굴이 질리곤 했다.

"그래서 하고 싶은 말이 뭔데?"

글을 쓰기 위한 답사를 할 때, 칼럼을 쓸 때, 그리고 지금 이글을 쓰면서도 수십번 나 자신에게 이 질문을 던진다. 그리고 독자들에게도 묻고 싶다. 내 글을 읽고 나서, 혹은 이 글 속에 등장하는 도시와 장소를 다녀오고 나서 어떤 생각이 들었는지. 무엇이든 좋으니 한 가지만이라도 자신의 입장과 의견을 정리해보면 좋을 것 같다고.

"그래서, 어떤 생각이 드시던가요?"

Medium

도시경관 × 글

경관이 텍스트가 되고, 텍스트가 경관이 되다

서정완 / seo0250@gmail.com

경관을 경험하고 글을 쓰거나 설계하기

세계의 많은 곳을 여행하고 일생에 책을 한 권이라도 출판하는 꿈을 가진 사람들이 주변에 많은데 이들은 나를 부러워한다. 운이 좋게도 꽤 많은 나라를 여행했고, 내 이름으로 된 책을 3권 출간했다. 해외로 나가는 것이 어렵지 않은 시대라 여행보다는 책을 낸 사실에 대해 부러워하는 이가 상대적으로 많다.

내가 출간한 책의 내용은 다음과 같다. 소설가 알베르 카뮈의 흔적을 찾아 여행한 이야기, 나의 취미(골키퍼)에 대한 일상의 기록, 국내에 미번역된 카뮈의 책을 번역하기. 전공인 조경과는 한참 먼 주제로만 책을 내서 조경가의 것이라 할 수 있을까 나조차도 의문이 들 때가 있다.

먼저 카뮈가 글로 묘사한 경관을 찾아 떠난 여행기에서는 이미지로 된 공간을 글로 완벽하게 묘사한 그의 관찰력과 표현력을 조금이나마 배울 수 있었고, 두 번째 일상 에세이에서는 내 생각을 글로 쉽게 끄집어내는 능력을 키울 수 있었다. 세 번째 번역서를 작업하면서 독자에게 효과적으로 다가갈 수 있는 문장에 대해 고민하는 시간을 오래 가질 수 있었다.

예술이란 우회의 길들을 거쳐서 처음으로 가슴을 열어보였던 두세 개의 단순하고도 위대한 이미지들을 다시 찾기 위한 기나긴 행로 이외에 아무것도 아니란 카뮈의 말을 기억한다. 어쩌면 경관을 발견하고 알리는 일, 또는 적절한 경관을 만들어내는 일을 하기 위해 나는 그토록 우회의 길들을 거쳤던 것일까. 위대한 예술가는 되지 못하겠지만 카뮈의 말을 조금이라도 행할 수 있는 사람이 될 수 없을지 스스로 질문을 던진다.

"경험이 우선일까, 설계가 우선일까"

글쓰기와 설계하기의 차이는 표현의 차이일 뿐

글을 쓸 때 무엇이 가장 어렵냐는 질문에 글쓰기 소재를 찾는 것이라는 대답이 많다. 설계도 역시 그렇다. 좋은 소재를 찾기 위해서는 창작자는 움직인다. 나를 벗어난 외부에 대해 호기심을 갖고 바라보고, 그 관찰을 지속한다. 그렇기 때문에 좋은 창작자가 되기 위한 시작은 위 2가지 행동을 하는 것이라 말할 수 있다.

소재를 찾고나서 그것을 가공한 다음 어떤 결말에 이르게 만드는 것은 온전히 창작자의 일이다. 수없이 많은 논리를 구상해내지만 대부분의 논리는 사라지고 마침내 단 하나의 논리만 살아남는다. 그것을 위해 작가와 설계가는 많은 시간과 노력을 바친다. 여기까지 이 두 분야의 전문가들의 과정은 큰 의미에서 동일하다.

작가와 설계가를 크게 구분짓는 것은 표현의 방법이라 생각한다. 작가는 주로 텍스트로, 설계가는 이미지로 표현하기 때문. 그렇다고 해서 작가가 텍스트 영역에만, 또는 설계가가 이미지의 영역에만 머무르겠다는 생각은 좋지 않다. 많은 작가들이 영화와 같은 영상매체에서 영감을 얻고, 설계가의 패널과 도면에는 많은 양의 텍스트가 존재하지 않던가. 사진과 영상 등에 익숙한 작가가 다른 작가에 비해 장면 묘사가 탁월하고 흡입력이 있는 글을 본 적이 있는데 이렇듯 이미지와 텍스트, 이 둘의 영역을 마치 하나인 것처럼 받아들이는 이는 강한 힘을 가질 수 있다.

"이미지와 텍스트, 그 사이에 존재하기"

설계에 글쓰기 방법을 도입하기

어느 작가가 글을 잘 쓰는지 확인하는 방법 중 하나는 그의 책 마지막 부분을 확인하는 것이다. 책의 마지막 부분 중 아무 페이지를 읽어서 그 내용이 작가가 처음에 언급한 내용과 일치하는지 확인하는 방법이다. 좋은 작가의 글은 처음의 내용과 일치할뿐더러 여전히 글의 힘이 있는 경우가 많다.

이 방법은 설계에도 적용될 수 있다. 이를테면 어떤 설계안을 살펴 볼때 처음 설계가가 제기한 이슈 또는 초기 구상과 마지막 설계안이 일치하는지 확인해보는 것이다. 처음과 끝이 정확히 맞아떨어지는지를 확인하는 이 절차가 더욱 중요해진 이유는 설계가가 처음 제기한 이슈와 결과물이 서로 판이하게 다른 설계안이 여전히 많기 때문이다. 특히 학생들이 진행하는 설계안에서 더욱 이런 모습을 자주 발견할 수 있는데, '논리'보다 '인스타그래머블(Instagrammable)한 것'을 더 끌리는 이가 많아서이다.

'처음'을 잊지 않는 설계를 위해서는 설계가는 스스로 자주 자신이 세운 초반의 논리를 상기할 필요가 있다. 과거 수행했던 대상지 분석, 이슈, 초기에 그린 다이어그램 등을 자주 열어보는 것도 하나의 방법이 될 수 있다. 혹은 표로 정리하는 방법도 있다. 좌측 열에는 이슈를, 오른쪽 열에는 그에 대한 해결책을 적어보는 것. 예를 들어 '높은 접근성'과 '많은 휴식공간'을 이슈로 삼았다면, 최종 설계안의 진입부분이 얼마나 넓고 진입하기에 편리해졌는지 휴식공간의 면적, 개수 등을 확인해보는 것이다.

"나의 설계는 처음과 끝이 이어지는가"

Medium

도시경관 × 사진

어느 조경가의 도시기록 이야기

김인수 / gruenbau@hanmail.net

사진과 도시기록

도시기록 이야기를 하려면 언제부터 내가 사진에 관심을 가지고 사진 찍기를 했는지 시작이 되어야 할 거 같다. 중학교 1학년 여름방학 직전으로 기억한다. 우연히 암실에서 흑백 사진이 인화되는 모습을 처음 보고 충격 반 흥미 반으로 사진에 빠져들어 지금까지 사진기를 손에서 놓아본 적이 없다. 현재는 당연히 디지털 카메라를 주로 사용하지만 아직도 여전히 흑백 필름과 함께 아날로그 카메라도 함께 사용하고 있다. 지금은 현상이나 인화 작업을 직접 하지 않지만, 한 롤 촬영이 끝나면 현상소에 맡겨 밀착 인화한 사진이 나오기까지 기다리는 시간은 중학교 시절 암실에서 작업할 때처럼 여전히 흥분되고 기대하는 시간이다. 50여 년 전 깜깜한 암실, 거의 보이지도 않는 빨간 불빛 아래서 하얀 감광지에 사진이 나오던 순간은 지금 돌이켜봐도 신세계를 경험한 멋진 장면이었다.

당시 집에는 부친께서 사용하시던 고동색 단단한 가죽케이스에 들어 있던 콘탁스(Contax) 카메라가 있었다. 꺼내보니 오랜 기간 사용하지 않아 셔터 작동이 제대로 되지 않고 수리도 불가능했다. 그래서 처음에는 카메라가 없어 선배들에게 어렵게 빌려 찍고 현상과 인화를 하곤 했다. 그해 겨울 독일에서 1년간 체류하시던 부친께서 최신형 자동노출 캐논 데미(Canon demi) EE17 하프프레임 카메라를 가지고 오셔서 사진을 찍을 수 있었다. 그 카메라는 필름 한 장으로 두 장을 찍을 수 있어 필름 한 통으로 36장이 아닌 72장을 찍을 수 있었다. 필름 값 마련하기도 힘든 중학생에게는 아주 경제적이었다. 그때는 되감아 사용한다는 뜻으로 마끼까이라 부르는, 영화용 롤필름을 사진용품점에서 36장씩 잘라서 파는 필름이 있었다. 학생이라 값이 싼 마끼까이 필름을 사용하기도 했는데 종종 가게에서 필름을 감으며 빛이 새어 들어간 나머지 현상해보면 아무것도 찍히지 않고 하얗게 나오는 낭패를 보는 경우도 있었다. 마끼까이 필름과 관련해서는 전설적인 이야기도 전해진다. 극장에서 영화를 상영하다 버려지는 필름에 다시 감광제를 입혀 파는 필름이 있어 현상하면 이중으로 사진이 찍혀있다는 소문도 있었다. 아마도 실수로 이중 촬영된 필름에 대한 이야기가 건너고 건너면서 그렇게 전해졌으리라 생각된다. 그 후 카메라는 여러 번 바뀌었지만 아직도 그때 사용하던 캐논 데미 카메라는 소중하게 간직하고 있다.

건축을 전공하면서 사진 찍기는 떼려야 뗄 수 없는 더 필요한 일이 되었다. 학생시절에는 전통과 공간이라는 단어에 흠뻑 빠져 고건축에 관심을 가지고 기록했다. 독일에서 공부할 때는 도시풍경과 정원에 관심을 가지고 기록을 이어나갔다. 서울로 돌아와서는 조경가로 서울의 공간을 좀 더 자세하게 알기 위해 답사를 하며 기록을 했다. 특히 너무 빨리 사라지는 도시풍경을 누군가는 사진으로라도 남겨야 되겠다는 생각으로 기록을 했다. 나의 사진 찍기는 결국 기록이었다.

건축가 없는 건축

대학에서 건축 공부를 시작할 때 건축계의 지인으로부터 반드시 읽어야 할 몇 권의 필독서를 소개받은 적이 있다. 그중 가장 인상 깊었던 책 중 하나가 버나드 루도프스키(Bernard Rudofsky)의 『건축가 없는 건축 (Architecture without Architect)』이었다. 1964년 11월 9일부터 다음해 2월 7일까지 미국 뉴욕 현대미술관(MOMA)에서 열렸던 동일제목 전시회의 도판 모음집이다. 주변 환경과 지형, 기후, 문화 등에 맞게 세계 각지의 사람들이 주변에서 쉽게 구할 수 있는 재료를 사용해 직접 지은 토착 건축물을 보여 주는 도록이었다.

당시에는 원서가 흔치 않아 복사에 복사를 거듭해 만든 인쇄물 밖에 구할 수 없어 매우 조악한 사진으로 밖에 볼 수 없었다. 그러나 내가 본 사진들은 조형미나 실용성 등 여러 가지 면에서 건축가의 존재 가치를 의심하게 만드는 매우 훌륭한 건축을 보여 주고 있었다. 신입생 건축학도에게 그 건축들은 내가 과연 나중에 건축가로서 어떤 일을 할 수 있을지 묻게 할 정도로 충격적이었다. 아프리카는 물론 중국, 일본 등 전 세계의 독특한 전통건축을 다루면서도 초가집이나 기와집 등 우리나라 고유의 건축물은 소개하지 않았다는 사실 역시 충격이었다.

이후 '건축가 없는 건축'에 관심을 가지고 여유 시간이 생기는 대로 건축

답사를 하곤 했다. 나의 본격적인 도시기록 작업의 시작이었다. 기록의 결과로 1981년 당시 우리나라의 유일한 사진전문 갤러리였던 서울 종로 관철동 그랜드베어 갤러리 초대로 '한국고건축 사진전'을 할 수 있었다. 그때까지 우리나라 고건축만을 주제로 하는 전시회는 거의 처음이라 MBC TV 저녁 메인 뉴스에 소개되기도 했다. 내게 충격적이었던 1964년 MOMA의 세계적인 전시회와는 비교할 수 없지만 한국판 최초의 '건축가 없는 건축' 전시회였다는 자부심을 아직도 가지고 있다.

아현도큐먼트

독일에서 공부를 하고 돌아와 실무와 강의를 하면서 'Made in Seoul'이라는 주제로 학생들과 매 학기 과제를 정해 그간 너무도 변한 서울의 도시공간을 정기적으로 답사하면서 전에는 알지 못했던 서울을 배워 가기 시작했다. 처음에는 빠르게 진행되는 재개발로 사라져가는 골목길이나 주거지역을 접하면서 우선 사진과 도면으로라도 그런 곳을 기록할 필요가 있다고 생각했다. 하지만 생업에 쫓기는 와중에 별도의 여유 시간을 가지고 혼자 다니면서 실측하기도 힘들었고 속도가 나지 않았지만, 개인적으로 관심 있는 지인들과 함께 지속적으로 답사와 기록 작업을 이어 갔다. 처음에는 내가 사는 서울을 좀 더 알기 위해서, 그러다가 너무 빨리 변하는 서울을 기록으로 남기기라도 해야겠다는 의무감으로, 지금은 너무 재미있어서 걷고 또 걷고 건물을 오르내리면서 서울을 구경하러 다닌다. 도시의 산책자 발터 벤야민은 "도시는 이야기책이며 걷기라는 언어로써만 해독이 가능하다"라고 하지 않았나.

2005년 서울특별시 영등포 뉴타운 조경분야 총괄건축가로 참여하면서 공공의 기록이 필요하다는 생각을 절실하게 하기 시작했다. 발주된 용역의 과업지시서에 의해 형식적으로 하는 당시의 현황조사와 기록은 차 타고 지나가면서 무심코 거리를 찍는, 도저히 기록이라고 할 수 없는 조악한 수준이 일반적이었다. 당시 이런 상황을 공유하고 이해하던 사회학자 이시재 교수, 화가 임옥상, 건축가 승효상 등과 문화우리의 이사와 운영위원으로 함께 활동하고 있었는데, 도시기록 사업을 제안해 재

1970년대 하회마을은 관광지가 아니고 일상생활의 마을이었다. 안동읍에서 하회마을로 들어가는 교통편은 하루 두 번의 버스밖에 없었고, 당시는 민박개념도 없어 낙동강변에 텐트치고 머물러야만 했다. / 1978년 8월, 안동 하회마을

난곡은 서울의 대표적 달동네로 1960년대 후반 시작된 도심미관 정화작업와 함께 대규모 철거민 이주정착촌으로 형성되었다. 현재는 2000년대 중반부터 시작된 재개발로 대규모 아파트 단지로 변했다. / 2001년 5월, 서울 신림동 난곡

청계고가도로는 전체 길이가 5.6km로 1971년 8월 15일 완공되어 서울의 동서를 신호등 없이 통과하는 주요도로로 사용되었다. 2005년 6월 30일 폐쇄된 뒤 청계천 복원과 함께 철거되었다. 오른쪽으로 보이는 퇴계로와 남산터널로 연결되던 삼일고가도로는 지상 최고 높이가 17.7m나 되었다. / 2005년 5월, 서울 청계천 삼일고가

개발 직전의 마포구 아현동을 대상으로 개인이 아닌 공공에서 최초로 기록 작업을 했다. 2006년 문화우리와 함께 '아현도큐먼트'라는 프로젝트의 총괄디렉터를 맡아 기획과 진행에 참여하였다. 마침 희망제작소 부설 세계공원연구소의 소장으로도 활동하고 있어 기록집 출판과 함께 전시회, 세미나 등을 개최하였다. 이후 경기도 광명시 철산동, 낙원상가, 세운상가, 북아현동을 기록했고, 문화우리는 해산되었지만 개인 기록작업은 멈추지 않고 지금까지 계속하고 있다. 아현동 기록은 우리나라 최초의 재개발지역 철거 전 공공기록으로 전문가 집단이나 언론의 관심도 많았다. 이후 국립민속박물관에서 정릉동을 시작으로 아현동 등 도시 민속기록을 하며 도시공간에 대한 기록도 일부 이루어졌다. 이는 서울역사박물관과 토지개발공사가 특정 도시공간이나 재개발, 신도시 건설로 사라지는 공간을 기록하는 작업을 본격화한 계기였다고도 할 수 있다.

SEOUL 주거변화 100년

2008년 나의 기록작업과 관련해 중요하고 의미 있는 프로젝트를 하게 된다. 2008년을 기준으로 지난 100년의 서울 주거변화를 현재의 모습으로 기록하는 작업으로 대림산업과 대림미술관의 후원으로 진행되었다. 작업을 총괄하신 원로 사진가 주명덕 선생님께서 조경가가 아닌 사진가로 참여하기를 권하시고 이후 지금까지도 기록작업의 도반으로 서울 기록작업을 하고 있다. 평생 서울을 테마로 작업하신 원로 사진가와의 협업은 이전까지 조경가의 시선과는 다른 접근이 필요했지만 신선한 충격의 시간이었다.

조경가와 사진가의 미묘한 접점을 생각하면 떠오르는 책이 있다. 건축학도 시절 읽은 아시하라 요시노부의 『외부공간의 미학』은 건축을 넓은 시야로 볼 수 있게 해주었다. 묘하게도 '공간(空間, space)'이라는 멋진 단어가 나에게는 건축공간보다는 외부공간으로 인식되어 답사를 하면서 건축물과 함께 저절로 도시의 외부공간에 대한 관심도 높아졌다. 학부 3학년 때 전공 선택 수업으로 '조경계획'을 들으면서 조경이라는 분야를 새롭게 알게 되었다. 대학원에서는 도시계획을 공부했고 이를 졸업한 뒤 다시 환경설계 분야를 공부하기 시작하면서 자연스럽게 정원을 접하게 되었다. 건축을 기반으로 도시와 조경 분야를 함께 함께 공부하면서 큰 틀에서 도시와 공간을 살펴볼 수 있었던 것은 좋은 경험이고 행운이었다고 생각한다.

서울의 지난 100년의 과거와 현재 모습을 1년간 현장에서 좋은 선생님과 집중해서 볼 수 있었던 것은 큰 행운이었다. 특히 서울을 바라보는 여러 가지 방법에 대해 오랜 기간 도시공간 답사와 기록작업에서 보지 못하고 알지 못하던 부분까지 속속들이 체험하는 시간이었다. 60년대 이주민 판자촌부터 최고급 주상복합 아파트까지, 전통 한옥은 물론 일제 강점기 일본식 주택부터 21세기 첨단 주택까지. 기록은 주거변화에 집중되었지만 서울이 상상과 표현력의 한계를 넘어 마술 상자처럼 다양한 모습으로 다가왔다. 새삼스럽지만 서울은 우리 모두에게 아름답고 귀중하면서 감동을 주는 도시라는 걸 깨닫게 되는 기회가 되었다. 사진가 주명덕 선생님과 함께한 2009년 1년간 기록은 2010년 대림미술관에서 『SEOUL 주거변화 100년』 사진집으로 나왔다. 계속된 서울 기록 작업은 2015년 『서울풍경/SEOULSCAPE』으로 출판했다.

조경가 없는 정원, 골목길 비밀정원 기록

'아현도큐먼트' 작업을 하면서 다른 참여자들과는 달리 유난히 도시공간의 좁은 골목이나 옥상 등에 만들어진 자그마한 정원에 매력을 느꼈다. 그래서 이미 존재하지만 버려진, 또는 숨겨진, 나름 보석 같은 '도심 속 비밀스러운 공간'인 소시민들의 정원을 찾아다니기 시작했다. 다니면 다닐수록, 찾으면 찾을수록 골목길에 놓여 있는 화분 한두 개부터 옥상 전체까지 크고 작은 비밀정원이 서울 곳곳에 존재한다는 사실을 발견할 수 있었다. 언제 어디서나 누구든지 접근할 수 있는 골목길이나 옥상을 꼭 비밀스러운 공간이라 할 수는 없지만 찾는 노력이 있어야만 나타나고, 보고자 하는 마음이 있어야 즐길 수 있기에 비밀정원이라 불러본다.

좁은 골목길에서 넓게 펼쳐지는 도시공간을 한 장의 사진으로 담을 때는 파노라마 사진이 매우 유용하다. 옛 동독에서 제작된 150도 화각의 노블렉스(Noblex) 카메라를 사용했다. / 2007년 7월, 이탈리아 오스투니(Ostuni)

남산자락으로 여러 갈래의 골목길이 실핏줄처럼 동네 여기저기를 흐르고 있다. 골목길 박물관이라고 할 만큼 다양한 형태의 골목길을 곳곳에서 만날 수 있다. / 2007년 4월, 서울 용산2가동

필요에 따라 한 집 한 집 지어지며 사람들이 모여 살기 시작한 동네라 바른길보다는 한두 사람이 겨우 지나갈 만한 다양한 모습의 좁고 굽은 골목길이 계속된다. 인간의 본능적인 감각이 만들어내는 '건축가 없는 건축'의 실용적이면서도 매우 조형적인 모습을 창신동 구석구석에서 만날 수 있다. / 2012년 1월, 서울 창신동

나는 가끔 헌책방을 찾는다. 정리되지 못한 어마어마한 책더미 속에서 우연히 관심 있는 책을 발견하곤 하는데, 내가 운 좋게 찾았다기보다 책이 내 앞에 나타났다는 표현이 맞을 것 같다. 골목길 비밀정원도 내가 찾는다고는 하지만 어쩌면 정원이 내 앞에 불쑥 나타나는 게 맞는 것 같다. 그 정원들은 내가 관심을 가지고 보지 않았을 뿐 언제나 그 자리에 있었고, 과거에는 물론 지금도 우리 곁에서 눈과 마음을 행복하게 해준다. 그곳들은 다양한 식물 구성은 물론이고 특정 장소에 어울리는 나름의 공간 구성이 돋보이는, 모두 우리나라만의 독특하고 자랑할 만한 '조경가 없는 진짜 조경 공간'이다. 나름대로 자부심을 가지고 있던 우리나라 전통건축이 버나드 루도프스키의 『건축가 없는 건축』에 전혀 소개되지 않은 게 너무 충격적이어서 언젠가는 우리나라의 전통건축을 세계에 알려야겠다는 야심만만한 계획을 세우고 있었는데, 늦게나마 '조경가 없는 정원'을 통해 알리자고 생각을 바꾸었다.

도시의 숨겨진 정원을 답사하는 작업은 마치 미지의 세계에서 보물과 유적을 찾아내는 탐험가나 모험가가 된 듯한 기분을 느낄 수 있는 매우 흥미로운 일이다. '조경가 없는 진짜 조경 공간'의 기록은 『서울 골목길 비밀정원』(2019 초판. 2023 개정판)과 『정원도시 부여의 마을 동산바치 이야기』(2022)로 출판되었다. 현재는 건축전문지 『Wide AR』에 전국의 비밀정원을 대상으로 한 글을 연재하고 있다. 재개발 등으로 이제는 사라진 보통 사람들의 정원이야기를 기록으로나마 남기게 되어 다행으로 생각한다.

동네 동산바치들이 만들고 가꾸는 정원은 옛날이나 지금이나 여전히 존재하고 있다. 우리에게는 언제나 마을마다 집집마다 소박하지만 아름다운 꽃밭이 있었다. 거창하게 말하는 정원이 아닌 자그마한 꽃밭. 역사는 늘 정치적인 권력자나 지배자, 상류층의 관점에서 기록되고 이어져 왔다. 보통사람 민중의 역사는 동학혁명의 전봉준이나 홍길동, 전우치 이야기처럼 투쟁과 기인의 역사로 기억되는 게 보통이다. 정원의 역사도 그렇다. 궁중정원이나 상류층의 몇몇 정자나 별서정원 외에 국민의 절대다수를 차지하는 보통사람의 정원이야기는 기록은 물론 전해지는 이야기를 찾아보기 어렵다.

동네 골목길 비밀정원은 앞으로도 지속적으로 관심을 가지고 기록하려고 한다. 방대한 작업이라 이런 취지에 동감하는 사람들이 많이 나타나 자기 마을의 정원들이 기록될 수 있기를 바란다. 70-80년대는 도시확장(urban sprawl)이 대세였다면 지금은 도시소멸(urban shrinking)에 대처하는 게 도시문제 해결의 지향점이다. 이러한 현상은 동서양은 물론 빈부격차와도 상관없이 세계 어디서나 접하는 공동의 문제다. 도시소멸화 과정에서 중요한 과제 중 하나는 사라지기 전 현재의 기록이다. 이러한 의미에서도 동네 동산바치들의 비밀정원 기록은 중요한 가치가 있다.

가끔 주변 사람들이 내게 묻곤 한다. 전 세계에서 아름다운 문화유산으로 인정받은 정원을 오래 전부터 누구보다 많이 본 사람이 하필이면 유명하지도 않고 조금은 구질구질하기까지 한 동네 골목길 정원을 굳이 왜 찾아다니면서 기록하냐고. 내가 관심을 가지고 찾아서 기록하는 동네 정원은 꽃으로 치면 잡초다. 유행이나 유명세와 함께하는 화려하고 세련미 넘치는 정원은 아니다. 각자의 뜻깊고 애절한 사연과 오로지 자연과 식물을 사랑하는 마음만으로 만들어진 소박하면서도 우아하고, 잔잔하면서도 오래 마음에 남아 추억을 소환하는 취향저격이 골목길 비밀정원의 매력이 아닐까 한다. 유행은 따라가고 좇아만 가는 게 아니라 만들어가야 의미가 있다고 생각한다. 보통사람들이 만드는 골목길 비밀정원은, 아니 꽃밭은 과거부터 현재까지 한 번도 사라지지 않았으며, 식물의 종류는 물론 조성하는 재료나 방법, 탁월한 장소 선택 등에서 시대의 변화에 전혀 뒤지지 않으며 골목길에 유행을 만들어가고 있다. 누군가는 기록해서 남겨야 할 우리의 소중한 생활문화 유산이고, 조경가이자 도시풍경 기록자로서 바로 내가 해야 할 일이다.

명동 입구의 구 중앙극장 옥상에서 바라본 을지로 2가 사거리. 불과 10여 년 전의 풍경도 이제는 사진기록으로만 과거의 모습을 찾아볼 수 있다. / 2011년 2월, 서울 을지로

급경사 골짜기에 자리한 장수마을은 녹지공간을 확보하기가 어려워 지붕도 화단으로 활용한다. / 2012년 8월, 서울 삼선동 장수마을

청량리역 부근 전농동은 일제강점기 철도 관련 시설이나 관사부터 한국전쟁 이후 피난민에 의해 지어진 주택, 다세대 주택, 연립주택, 빌라 그리고 아파트 등이 혼재한 서울의 주거건축 생활사 박물관이라 할 수 있다. 서울의 공간적인 흔적과 특징이 살아있는 지역으로 아파트 공화국 서울에서 이제는 정말로 몇 군데 남지 않은 전형적인 민중의 역사적 주거공간이자 미래 문화자산이다. 골목길 전체가 꽃길로 조성되어 있다. 쓰레기가 사라지고 그 자리에 식물들이 하나둘 자리 잡고, 서로 꽃도 나누고 공동의 화제로 정원 이야기를 나누며 마을이 더 화목해지고 밝아졌다고 한다. / 2021년 7월, 서울 전농동

큰 길가가 아닌 집 뒤편 작은 개울과 면해 있는, 별로 눈에 띄지도 않고 버려져 있을 법한 좁고 길쭉한 땅에 절묘하게 만들어진 정원이다. 사람이 걸어 다닐 만한 좁은 길을 빼고는 모두가 식물이다. / 2021년 5월, 부여군 임천면

도시경관 × 전시

생산과 소비 사이,
매체를 경유하는 도시 대상화에 대하여

유영이 / arch.yooyy@gmail.com

밖으로 보여준다는 데에 방점이 있는 'exhibit', 다양한 것을 본다는 뜻의 '박람(博覽)', 다양한 그것 '박물(博物)'이라는 단어가 전시를 둘러싸고 있는 이유는 분명 전시라는 매체가 생산과 소비 사이, 그 어딘가의 과정과 대상으로 존재한다는 의미일 것이다. 전시를 하며 글을 쓰게 되었지만, 무언가를 대상화(objectification)하여 서술해 나간다는 점에서 글을 쓰면 쓸수록 전시와 출판은 더욱 비슷한 결로 다가온다. 책을 만들며 도시와 전시 사이 규정할 수 없는 무한한 가능성을 담고자 고민했다. 오늘은 그 가운데 출판이라는 주제를 한 잡지의 사례를 시작으로, 전시에 대한 개념 중 '대상화'를 주제로 삼아 본다.

한 브랜드를 심도 있게 다루는 매거진B. 브랜드의 탄생 배경과 역사, 고객과 소통하는 방식, 지향하는 가치, 그리고 그 브랜드를 애정하는 고객까지. 한 브랜드를 둘러싼 과거와 현재, 미래를 관통하며 기업과 고객의 사이를 담는다. 생산자는 브랜드를 만들어내고, 고객은 그 브랜드를 소비한다. 나아가 브랜드에 대한 이 둘 사이 다양한 소통을 통해 지향점을 수정하고 함께 호흡해 나가는 과정을 엮어낸다. 잡지를 통해 브랜드는 생산과 소비의 대상을 넘어 관계의 매개체로 나아간다.

2016년 베를린은 시작으로 가끔 도시를 다루던 매거진B에서 얼마전 부산편을 선보였다. 서울에 이어 우리나라에서 꼽은 두 번째 도시가 부산이라는 점이 흥미로우면서도, 서울과는 분명 다른 부산에 대해 어떤 시각으로 선보였을지 궁금했다. 기업 브랜드와 견주었을 때, 도시는 명확한 도시브랜드의 생산과 공급자를 정의할 수 없기 때문에 생산자와 소비자 사이 그 어딘가를, 어떻게 짚어낼지 가장 궁금했다. 부산시가 도시브랜드의 총괄공급자라고 말하기도 어려운 터. 부산이라는 브랜드, 나아가 도시를 소비한다는 주체를 어떻게 설정했는지도 주목할만했다.

특히 지역과 연계한 브랜드를 다루는 전반적인 재료는 비슷할지라도 특히 목차를 통해 그 시각을 엿볼 수 있다. 서울편은 패션, 라이프스타일&디자인 등 분야를 나누어 서울에 자리 잡은 각 분야 대표 브랜드를 모음집처럼 꾸렸다. 반면 부산편의 해법은 사람에 있었다. 부산에서 나고 자란, 그리고 삶의 터전으로 삼고 있는 이들의 목소리를 최대한 담고자 노력한 모습이 보였다. 대상에 집중하여 '무엇을' 논한다기보다 부산이라는 망망대해 같은 도시를 '누군가'라는 통로를 통해 해석하고 정제한 결과를 논하겠다는 태도이다.

도시를 향유하는 다양한 이들의 시각과 이를 조합하여 편집(editing)한 몇 단계를 거쳐 우리에게 도달한다. 주민, 로컬브랜드대표, 사진가, 에디터 등 여러 사람을 경유하여 '부산'이라는 도시가 소비의 대상으로 자리 잡는다. 결국 사람 하나하나가 매체인 셈이다.

"박물관의 대상은 발견되는 것이 아니라 만들어진다"[1]

인류학자 Barbara Kershenblatt-Gimblett은 박물관이 이미 가치 있는 대상을 택하는 것이 아니라 수집하는 과정에서 대상에 가치를 부여한다는 점을 강조한다. 특히 지리, 행정, 사회, 문화 등 복합적으로 정의되는 도시가 박물관의 전시 대상이 되는 과정은 수많은 논의와 시도 안에서 발전해 왔다. 도시가 전시 대상이 된다는 것은 실체화된 전시품으로서 복합적인 개념인 도시를 구체화하는 과정이다. 그렇다면 누가, 도시를 구체화하는가.

도시를 전시화하는 데에서의 논의는 그 내러티브의 주체에 대한 관심이 증대되고 있다. 독일 베를린에서 개최된 2011 CAMOC(국제도시박물관위원회) 회의에서는 변화하는 도시를 기록하고 수집, 보존, 관리하는 도시 박물관의 활동을 논했다. 시민의 참여를 통한 수집, 전시 구성과 개인의 경험을 바탕으로 기억, 아이디어, 지식, 감정 등 도시를 기록하는 다양한 방법론에 대한 논의가 진행되었다.

초기 도시 박물관은 발굴된 물리적 가공물(artefact)을 대상으로 했지만, 21세기 박물관은 사람들의 이야기에 집중하고 있다. 런던박물관이 구술사 중심으로 기획한 1993년 〈The Peopling of London〉 전, 2021년 전시 개편과 함께 구술 채집 확대 계획을 발표한 파리 박물관이 이러한 흐름을 대표한다.[2]

앞서 언급한 잡지로 비유하면 에디터가 관찰하고 포착한 도시뿐만 아니라 여러 사람들을 통해 수집한 이야기를 통해 도시에 대해 보다 다양한 이야기가 구조화되는 것이다. 전시는 연구의 생산물에서 나아가 복합적인 내러티브를 공유하는 장으로, 생각을 소통하기 위해 기획되는 미디어로 나아간다.

전시는 단순한 선택과 나열이 아니라 의미를 드러내고 재맥락화하는 과정이다. 영국 사회학자 토니 베넷(Tony Bennett)은 '전시복합체(exhibitionary complex)'라는 개념을 제시하며 개방적이고 대중적인 소통의 무대로서 박물관을 이야기했다. 전시복합체가 만들어낸 재현의 공간은 '보여주고 말하기(show and tell)' 방식으로 전개된다. 일종의 내러티브를 형성하여 대상 사이의 유기적 연결 구조를 형성하는 것[3]이다.

도시는 누군가 선정한 대상을 연결하여 보여주고 말하는 이야기의 방식을 취한다. 여기서 화자는 그 대상을 선별하고 '사이'를 설계하는 사람이다. 도시에 대한 우리의 기억과 경험은 이 사이를 만드는 좋은 재료가 된다. 우리는 도시를 읽고 들으며 화자와 청자 사이, 생산자와 소비자 사이를 경유한다. 다양한 자세를 취하며 각자의 시선을 담아 보는 대상을 보는 경험으로 체화해 나간다. 결국 도시를 출력하는 모두가 매체다.

[1] Kirshenblatt-Gimblett, Barbara, (1998), Destination Culture: Tourism, Museums, and Heritage. Berkeley: University of California Press.

[2] 유영이 & 박소현. (2022). 도시박물관의 등장과 발전 양상에 나타난 도시의 전시대상화 특성 연구. 대한건축학회논문집, 38(4), 51-60.

[3] The Exhibitionary Complex, Tony Bennett, Preziosi, D., & Farago, C. (Eds.). (2019). Grasping the world: The idea of the museum. Routledge.

Medium

도시경관 × 논문

정의할 수 없음을 정의한다는 것,
주관성을 객관성으로 설명한다는 것

신명진 / mjin.shine@gmail.com

논문. 애증의 단어가 아닐 수 없다.

논문을 써야 돼서 스트레스. 논문의 리뷰가 (마음에) 아파서 스트레스. 무엇보다 써야 할 논문을 안 써서 스트레스가 쌓이는 갓(졸업한 싱싱하게 피폐한) 박사의 일상이다.

하지만 개인적인 서사를 일단 제쳐두고 한 발짝 떨어져 생각해보자. 논문은 대체 무엇인가? 나는 왜 어떤 틀 속에 나의 이야기를 집어넣으면서 또 한편으로는 그 틀의 한계를 시험하는가?

먼저 연구자로서 내가 '경관'이라는 단어를 사용한다는 것부터가 여러 단계적 선택의 결과이다. 도시의 공간적 차원을 설명하기 위해 활용할 수 있는 용어는 매우 다양하다. 장소, 공간, 조직, 지역, 부지, 이미지 등등. 그중에서 '경관'을 선택한 것이 반드시 조경학과 출신이어서는 아니다. 실제로 내 박사논문의 최종 코멘트 중 하나가 '경관으로 한정 지을 필요가 있는가?'였다. 지금도 갑자기 떠오르는 코멘트이다. 내가 부족해서인지 여전히 한 문장으로 답변을 하기 힘들다. 그 이유를 설명하자면 좀 장황하게 풀어서 쓸 필요가 있다.

사실 논문이란 결국 특정 양식, 그러니까 연구하고 논문을 생산하는 사람들 사이 일정 수준 약속된 '구조적 언어'를 통해 서면의 논의가 이루어지는 단위이다. 이를 위해 가장 먼저 하는 작업은 연구자들이라면 모두 공감할, '정의하기'이다. 각 학문 분야마다 조금씩 다른 '구조적 언어'를 활용하고 있기에 이 차이를 설명하고 같은 위치로 눈높이를 맞추기 위해 우린 논문의 서두에 자신이 활용할 주요 '구조적 언어'가 무엇을 의미하는지, 이 구조성을 통해 무엇을 전달하고 싶은지, 또 어떤 분야의 구조를 차용하는 것인지를 명확하게 밝히고 연구 내용을 작성한다.

때문에 '경관' 혹은 '도시 경관'을 정의하는 것은 이 분야에서 연구 행위를 하는 사람들에게 거듭 주어지는 과제이다. 도시 경관이란 무엇일까? 표준국어대사전의 정의에 따르면, 도시 경관이란 "도시 공간에서 지형, 수목, 건축물, 도로 따위의 구성물이 어우러져 만들어 내는 경관"이며, 여기서 경관이란 "기후, 지형, 토양 따위의 자연적 요소에 대하여 인간의 활동이 작용하여 만들어 낸 지역의 통일된 특성"이다.

하지만 도시를 조금이라도 인문학적으로 살펴보고자 하는 사람이라면 – 사실 대다수의 도시학자들은 어느 정도 인문학적 필터링을 통해 도시를 이해한다고 본다만 – 이 경관이란 용어가 필연적으로 주관적임을 인정하지 않을 수 없을 것이다. 몇 가지 이유가 있지만, 가장 큰 이유는 경관이 '시각 정보'를 중심으로 우리에게 인지되기 때문이다. 물론 공감각적 차원도 있을 것이다. 후각적 정보 – 개울이 근처라면 시원한 물 내음, 혹은 썩은 풀의 냄새가 풍긴다 – 또는 촉각적 정보 – 손끝에 느껴지는 돌의 느낌이 차갑다는 느낌. 시각은 촉각의 연장이라는 말도 있지 않은가 – 의 가치를 외면할 수는 없다. 그러나 인간이란, 특히 현대 사회에 익숙해진 시각적 자극에 절여진 우리는 시각 정보에 의존해 대부분의 일상을 보내고 있다. 따라서 경관 역시 지극히 시각 중심적으로 우리에게 인지, 지각될 수밖에 없다.

그렇다면 연구자라고 해서 이 '시각적 인지'의 차원에서 벗어나 있을까? 전혀 그렇지 않다. 연구하는 행위 이전에 경관에 대한 일정한 인지가 일어나며, 이는 대부분 시각을 통해 결정된다. 특히 책을 통해 경관을 이해하는 (대다수의) 경우 이 시각 정보에 기대는 면이 더욱 클 것이다. 이 시각적 정보를 바탕으로 우리는 주어진 경관에 대해 이해를 증진하고, 이를 기존의 연구 성과와 방법론에 기대 한층 더 성숙된 내러티브로 발전시킨다.

즉, 객관적 경관 연구란 불가능하다는 것이 내 입장이다. 그렇다면 인공지능이 참여하면 무엇이 달라질까? 인간 연구자와 인공지능 연구자의 다른 가장 큰 차이라면 가장 먼저 떠오르는 것이 객관성에 대한 문제일 것이다. 하지만 우리가 최근 우후죽순 나오는 인공지능 및 빅데이터 연구를 바탕으로 알 수 있듯이, 인공지능은 어디까지나 인간이 기존에 구축한 프레임을 기준으로 특성 대상을 학습하고, 여기에는 이미 인간의 주관성이 깊이 개입되어 있다. 그렇다고 무한한 반복처리(iteration) 과정을 통해 무언가가 달라질 수 있다고 믿는다면, 그것이야말로 어불성설. 무한한 반복처리 끝에는 형태가 사라진 어떤 이미지만이 남게 된다는 것이 현 인공지능의 한계이다.[1]

다시 처음으로 돌아가보자. 우리는 논문의 서론에 어떻게 경관을 정의하고 있을까? (물론 나조차도 코스그로브(Cosgrove), 헌트(Hunt), 배정한 등 기라성같은 선배 연구자님들의 말을 빌려 경관을 정의하는데 그치고 있는데, 이는 현대 연구의 방법론에 대한 문제이므로 본고에서는 다루지 않겠다.) 나아가 나는 왜 경관을 이야기하고 싶은 것일까? 아마 연구자로서 내가 가진 한계이자 능력이 객관적 분석 이상으로 주관적 해석에 있다고 보기 때문일 것이다. 내가 도시를 관찰하고 그를 바탕으로 분석의 방법론을 설정해 해석까지 도달하는 데에는 무엇보다 '나'라는 사람이 지금까지 쌓아온 개인적 경험과 사고의 틀이 넓게 작용하고 있다고 모두에게 이야기하고 싶은 욕구가 경관에 대한 내 모든 글의 저변에 깊숙이 자리잡고 있다.

결국 도시 경관에 대한 논문은 '나'가 빠질 수 없는, 나를 통해 해석된 도시의 모습이다. 연구하는 주체인 '나'를 잊지 말 것. 그리고 연구자로서 나의 관점이 지닌 한계를 잊지 말 것. 그것이 내 논문 서론에 등장하는 '도시 경관'의 범주이다.

---

[1] 차세대 인공지능이 나온다면 이야기가 달라질까? 늦은 밤 술 한잔하며 본격적으로 논문을 쓰기 직전 종종 떠오르는 생각이다. 인간의 프레임을 벗어나야 한다는 전제 조건을 가진다면, 인간이 인공지능을 구축하는 현재의 단계에서는 답변할 수 없는 문제일 수도 있겠다. 언젠가 인공지능이 인공지능을 만드는 시대가 온다면 그때가 돼서야 진정 '경관이란 무엇인가'를 물어볼 수도 있겠다.

Medium

도시경관 × 번역

역자 후기의 후기

황주영 / juyounghwang@gmail.com

자기 소개를 어떻게 해야 할까. 이름과 직장명과 직함이 결합된 세계에서 비정규직 시간강사는 늘 어정쩡하다. 그렇다면 하는 일로 해볼까. 읽고 쓰고, 생각하고, 말하고 듣습니다. 상대방 표정이 오묘해진다. ULC가 나를 '작가, 번역가'로 칭했으니, 이번 글은 작가 겸 번역가의 입장에서 써보자.

2008년 이래 공역서 한 권을 포함해 다섯 권의 책을 번역했고, 그 중 네 권이 조경과 관련된다. 번역가가 될 계획은 없었는데, 지금은 저서보다 역서가 많다. 그런데 나는 어쩌다 번역을 하게 되었나.

이 수업은 원서 강독으로 진행됩니다

입시 전략에 맞춰 자의반 타의반으로 입학한 불문학과와 영문학과 학부 전공 수업의 태반은 '원서 강독' 방식이었다. 전체이든 발췌이든 외국어 '원서'와 참고문헌을 읽고, 그에 대한 코멘트나 설명을 듣고, 때로는 한글로 문단을 옮기고 요약한다. 시험과 평가 또한 한글이나 해당 외국어로 텍스트를 분석하고, 혹은 번역이었다. 미술사학과 석사 수업에서도 엄밀히 구분하면 2차 자료지만, 교과서로서의 '권위'가 있다고 하는 '원서'와 외국어 논문을 읽고, 정리하여 발표했다. 읽고, 이해하여, 전달한다. 의식하지 않았지만, 나는 늘 번역을 하고 있었다. 이 앎의 과정을 좋아했지만 번역가가 되겠다는 생각은 없었다. 이는 어디까지나 연구를 위한 사전 작업이라고 생각했고, 주변에는 외국어를 숨쉬듯 수월하게 익히고, 멋지게 글을 쓰는 친구들이 가득했다. 그리고 꾸준히 한 이들은 모두 연구자이자 작가, 그리고 번역가가 되었다.

석사 시기 조교의 잡무 중에는 외국어 텍스트를 옮기거나 다루는 일도 있었다. 그 때의 경험과 평판 덕분에 별 다른 노력 없이 첫 번역서 의뢰를 받았고, 박사 과정 중에는 종종 〈환경과 조경〉의 기사나 심포지엄 프로시딩 등을 번역했다. 그러던 중 연구실 세미나 때 함께 읽었던 책을 지도교수님과 연구실 동료와 함께 한국어로 옮겨 두 번째 번역서를 출간했다.

ULC는 도시경관과 관련된 책인 세 번째 번역서인 『도시침술』의 역자라는 이유로 글을 요청했지만, 이 책은 다섯 권의 번역서 중 가장 아쉬운 책이다. 얇은 책이라고 가벼이 시작했지만 수월한 책은 아니었다. 영어 번역서를 저본으로 삼았더니 이해가 안 될 정도로 어색한 부분도 있었고, 삭제된 부분을 구글링 끝에 찾아낸 포르투갈어 원서에서 찾아 넣기도 했다. 출판사 기준에 따라 문장 수정도 여러 번 받았다.[1] 마침내 출판되었을 때는 여러 일간지에 소개되고 교보문고 '오늘의 선택', 'MD의 선택'도 받았지만 판매는 기대에 못 미쳤다. 여러 가지 이유가 있겠지만, 일단 출간이 늦었다. 기억이 맞다면 판권을 계약하던 무렵 세운상가 일대의 '도시침술' 논의가 한창이었고, 번역서가 나왔을 때는 조금 겸연쩍은 주제가 되어버렸다. 하지만 절판 이후 이 책이 중고 시장에서 어처구니 없는 고가에 팔리는 것을 보면 속이 쓰리다. (그러니 독자들이여 책을 사라. 일단 사라.)

나랏말싸미 미귁에 달아 문자와로 서로 사맛디 아니할쎄

한국의 대학과 대학원을 다녔지만, 줄곧 '원서'를 중심으로 공부를 했다. 설사 한글 번역서가 있다 하더라도 이 정도는 원서로 보아야 한다는 암묵적인 분위기가 있었다. 그리고 이제는 영어로 논문을 쓰고, 이를 국제 학회에서 발표해야 하는 시대(라고 한)다. 이런 때 나는 왜 거꾸로, 좁은 길로 가는 걸까. 굉장한 사명감을 가진 연구자라고 치켜세운 이도 있지만, 그럴 리가. 근래 나의 번역 작업은 목마른 자가 파는 우물에 가깝다. 출강하는 곳 중 내가 배웠던 것처럼 원서로 수업이 가능한 대학(원)은 적다. 그리고 한글 자료는 귀하다 보니, 수업 운영을 위해 급히 번역을 하기도 한다.

그러다 보면 조사와 종결어미만 한국어지, 주요 명사와 동사는 원문의 영어 단어를 그대로 쓰는, 가령 "랜드스케이프 어버니즘에서 포스트-인더스트리얼 사이트와 브라운필드는…" 하는 식의 문장이 나온다. 바쁜 현대사회에서 이게 무슨 문제인가 싶지만, 상응하는 번역어가 없다는 것은 이 단어를 온전히 인식하지 못함, 이에 등치 되는 개념이 없음을 시사한다. 가령 'park'라는 단어만 보더라도, 전근대사회에서는 개인의 영지에 딸린 숲, 사냥터를 지칭했다. 대중이 생겨난 19세기 후반에야 이들을 위한 공공 녹지 공간인 공원(public park)이 생겼지만, 대부분의 번역서에서 park는 시대와 상관 없이 '공원'이라고 번역된다. 이를 구분하기 위해 전자를 파크라고 쓰지만, 편의상 외래어를 사용하는 것과, 외래어를 쓸 수 밖에 없는 것은 다른 문제다.[2]

앞서 한글로 된 조경학 자료가 귀하다고 했는데, 특히 조경학의 근간을 이루는, 이제 고전의 반열에 오른 책들 중 한글로 번역된 것은 찾아볼 수 없다. 옴스테드의 글은 물론이고 노먼 뉴턴(Norman Newton)의 『디자인 온 더 랜드(Design on the Land)』, 이언 맥하그의 『디자인 위드 네이처(Design with Nature)』등도 '원서'로만 찾아볼 수 있다. 조경 입문자에게는 상당히 곤혹스러운 상황이었다. 그리고 아마 조경이 무엇인지 알고 싶은 대중도 나와 비슷한 감정을 느꼈을 것이다. '원서'만 있는 책은 대중에게는 없는 책이나 다름 없다. 수요가 적어 번역서를 내기가 어렵다고 하지만, 이건 또 무슨 소리인가 하는 담론까지 번역되는 미술과 건축 분야 번역서의 스펙트럼을 보면 여러 가지 생각이 든다. 게다가 연구자의 입장에서도 (외국어 원서를 읽는) 시간과 (대개 번역서보다 비싼 원서를 사는) 비용을 생각하면 번역서가 훨씬 효율적이다. 제대로 옮긴 조경 번역서는 훌륭한 공원 못지 않게 조경에 대한 대중적 인식을 제고하는데 기여할 수 있으리라고 감히 말해본다.

번역의 즐거움과 괴로움

여섯 번째 번역서의 교정을 보며, 번역의 장점과 단점을 생각해 보았다. 왜 나는 투덜대면서도 이 일을 계속 하는 걸까.

번역은 읽기와 쓰기의 즐거움보다 이를 통한 생산을 의식해야 하는 상황에서 타협의 수단이다. 다른 일을 하다가 곧바로 글쓰기 모드로 전환되는 사람도 있지만, 나는 그러지 못한다. 덩어리 시간이 있어야 내 글을 쓰는데 그런 때는 귀하고, 인터넷에 접속하는 순간 집중력은 사라진다.

그러면 또 초조함에 시달리는데, 이런 악순환의 시기에 어쨌든 뭐라도 쓰고, 토막시간을 활용하는 번역은 죄책감을 줄이는 수단이 된다. 문제는 이게 부지런한 딴짓이라는 것이다. "아 나는 번역 중이야."라며 내 글을 써야 하는 현실을 오늘도 애써 외면한다.

그리고 번역은 가장 깊은 독서다. 원서 강독이라 하더라도 요지만 챙기기 일쑤인데, 번역은 적어도 그 순간만은 저자와 교류하고 그의 생각과 마음을 다른 언어로 다시 쓴다. 오역하지 않으려 수많은 자료를 찾아본다. 이런 독서는 그 자체로 소중한 공부가 된다. 번역을 어문학 전공했으니 그냥 하는 거, 사전만 있으면 아무나 하는 거, 이제 번역기가 할 일이라고 폄하하는 사람들이 여전히 많다. 하지만 이 말 하나를 하기 위한 저자의 고심을, 그 행간을 세심하게 읽어 최대한 온전히 전달하는 일은 '남의 책 갖다 베끼기' 이상의 작업이라고 확언한다.

매번 이게 마지막이라고 다짐하지만, 다음에 번역하고 싶은 책을 얼마전에 발견했다. 아직은 즐거움이 더 큰가보다.

[1] 이때 김수진 푸른숲 부사장님이 건네 주신 『내 문장이 그렇게 이상한가요?』(김정선, 유유, 2016)는 지금도 종종 펼쳐본다.

[2] 우성백은 석사논문 "전문 분야로서 조경의 명칭과 정체성 연구"(서울대학교 대학원, 2017에서 Landscape architecture와 이의 번역어인 '조경'에 대한 연구를 통해 조경의 정체성을 탐색한 바 있다.

Medium

도시경관 × 구술채록

말로 쓰는 역사

임한솔 / hsollim@hanmail.net

말과 글의 차이

깊어가는 밤, 빈틈없이 오가는 대화를 들으며 문득 생각했다. 비평이라는 게 멀지 않구나. 오가는 말들을 받아 적기만 해도 꽤나 괜찮은 글이 되겠다 싶었다. 비평이 드문 분야라는데 능한 사람들이 이렇게나 가까이 있다니. 없는 것은 비평적 사고와 대화가 아니었다. 글이었다.

우리 모두 알고 있다. 좋은 말, 나아가 좋은 생각이 좋은 글을 보장하지 않는다는 걸 말이다. 말의 세계와 글의 세계는 때로는 평행우주 같다. 서로가 존재 이유이면서 서로 무관하게 흐르는 평행우주처럼, 말과 글은 생각과 행동의 분기점들을 거치며 점점 더 멀어지기도 한다. 그런 차이는 어디서 비롯되는 것일까.

열쇳말은 시간이다. 말하기와 듣기는 동시에 일어나지만 쓰기와 읽기는 시간차를 두고 일어난다. 뱉은 말은 주워담을 수 없지만 써낸 글은 퇴고가 가능하다. 말은 기억에 의존하지만 글은 기록 그 자체다. 여기서 "미디어는 메시지"라는 마셜 맥루언의 통찰을 떠올려 보자. 매체적 차이는 표현의 방식, 나아가 생각의 방식을 다르게 한다. 말은 발화 당시의 상황과 정서에 밀접하고 반복과 연상을 활용하게 하지만 글은 개인의 내면과 밀접하고 체계화된 분석과 해석을 유도한다. 월터 옹은 다음과 같이 말한 바 있다. "글쓰기는 사고를 재구조화하는 기술이다."

인터뷰, 구술채록, 구술사

좋은 글은 힘이 세다. 솜씨 좋게 재구조화된 생각으로서 글은 읽는 사람의 머릿속도 재구조화한다. 문제는 글로 쓰이지 않은 게 너무 많다는 것, 그리고 저자-독자 사이의 거리와 읽고 쓰기의 개인성이 오롯한 진실을 전하는 데 방해가 되기도 한다는 것이다.

뭔가를 알고 싶을 때 잘 쓰인 글을 읽는 것은 좋은 출발점이 된다. 그런데 글이 알고 싶은 바 전부를 알려주는 일은 잘 없다. 그럴 땐 어찌하는가? 잘 아는 사람에게 물어본다. 묵묵한 글자와 달리 사람에게는 묻고 답하는 게 가능하다. 대화는 각자의 서랍에서 기억을 꺼내 보여주는 것 이상이다. 정보들의 교차는 행간에 깃든 새로운 지식을 발견하게 한다. 글의 위상이 어떻든 간에 대화는 가장 원초적이고 전위적인 지식의 생산 방법이다.

말과 글의 차이가 드러나고 상호 보완이 이루어지는 바로 그 자리에 구술채록이 있다. 구술채록은 기록되지 않은 기억을 말로 꺼내 글로 정착시키는 작업이다. 이 용어는 자칫 건조하고 학술적인 뉘앙스로 읽히기도 한다. 그러나 입으로 말하기(구술)와 캐내서 기록하기(채록)는 신문과 잡지에서 인터뷰 기사를 작성할 때 늘 행해진다. 인터뷰가 만나서 이야기하는 상호 행위를 가리키는 말이라면, 구술+채록은 인터뷰를 전제한 채 말하는 인터뷰이와 받아적는 인터뷰어의 행위를 구분하는 말이라는 점에 차이가 있을 뿐이다.

신문과 잡지의 인터뷰는 사람이나 사건, 작업의 성과를 알리고 가치를 높이는 데 주력한다. 그러다 보니 기록의 생산을 목적으로 하는 구술채록과 겹치면서도 다르게 느껴진다. 그렇다면 구술채록은 왜 하는 것일까? 이 의문에 대한 답으로 '구술사(oral history)' 개념을 빠트릴 수 없다. 구술사는 글로 쓰인 역사의 대항 역사로 제기됐으며, '밑으로부터의 역사'로 곧잘 설명된다. 문자로 기록된 문헌은 실재했던 과거의 극히 일부만 보여준다. 게다가 글을 쓰고 문서를 보존할 수 있는 사람들은 대부분 권력자였다. 기록은 남지만 기억은 사라진다. 그 정치성과 비대칭성에 대한 저항으로서, 기록을 남기기 어려운 이들의 기억을 말로 받아 역사화하기 시작한 것이 바로 구술사다.

누구의 말을 기록할 것인가

구술사가 문헌에 쓰인 역사를 보완한다는 것은 대개의 경우 인정된다. 그러나 양자가 맺는 관계는 경우에 따라 많이 다르고, 멀리서 보면 정반대의 방향성이 보이기도 한다.

국내에서 구술채록 작업을 꾸준히 해온 기관으로 한국문화예술위원회 아르코예술기록원을 꼽을 수 있다. 아르코예술기록원은 2003년부터 현재까지 20년간 282명의 원로예술인을 구술채록했다. 2023년 11~12월에는 〈원풍경(原風景): 한국근현대예술사 구술채록 20년 기념전〉이라는 회고전을 열기도 했다. 이 기관의 구술채록 사업에서 구술 대상자의 선정 기준은 '예술사적 중요성', '구술채록의 시급성', '구술채록을 통한 연구 확장성'으로 크게 나뉜다.[1] 여기서 이슈가 되는 것은 '예술사적 중요성'이다. 전시연계 학술행사 자료집에서 토론자들은 "구술채록 아카이브가 명예의 전당인가"라는 질문에 대부분 그렇다고 답하고 비판적 의견을 냈다. 예술 분야의 구술채록 사업은 한국영상자료원, 국립국악원, 문화재청, 목천건축아카이브 등에서도 수행하고 있는데 주류 원로예술인을 선정하고 조명하는 시선은 크게 다르지 않다.

이러한 양상이 기존의 공식 역사, 즉 대문자 역사(The History)를 강화하는 것이라면 반대로 소외된 사람들의 소문자 역사(histories)를 쓰려는 구술사 시도가 있었다. 국내에서는 이러한 경향의 구술사 시도가 기관 중심의 구술사보다 시기적으로 앞서 시작된 것으로 알려져 있다. 이 경우 피해자, 생존자, 소수자 등으로 가리킬 수 있는 권력 바깥의 사람들이 구술 대상자가 되었으며 대문자 역사에서 지워지기 쉬운 일상과 생활 차원의 시대상을 그려냈다는 점에서도 주목할 만하다.[2]

구술채록 작업에는 상당한 노력과 비용이 들어간다. 일단 구술자의 상황을 고려해야 한다. 합당한 명분이 있어야 하고, 당사자의 동의를 구해야 하고, 적절한 환경을 갖춰야 한다. 오프 더 레코드일 때 잘 나오던 말은 큐 사인과 함께 도망가곤 하지 않는가. 채록자도 중요하다. 구술자 못지않게 채록자에 따라 성과가 갈리기 때문에 구술자의 기억을 끌어내고 보완하며 때로는 안내하기 위한 채록자의 사전 준비는 꼼꼼하고 정확해야 한다. 그리고 충분한 면담 시간과 자료 가공 시간이 필요하다. 지난한 작업이 아닐 수 없다. 하지만 잘 해낸다면 그 효과는 상당하다. 구술사는 기록을 만들어 역사의 공백을 채우는 일이다. 그리고 '말'이라는 것, '증언'이라는 것은 때때로 정돈된 글을 뛰어넘는 효과를 발휘한다. 선택과 집중이 필요한 상황, 누구의 말을 기록해야 할까.

조경의 시점

잠시 아르코예술기록원 이야기로 돌아가보자. 구술 대상자의 선정 기준 중 두 번째 카테고리로 '구술채록의 시급성'이 제시되었다. 이 사항은 구체적으로 "나이, 건강상태, 채록여건에 있어 구술채록의 시급성이 요청되는 자"로 쓰이고 "1930~1940년대 집중 추진 중"이라 덧붙여 설명되었다. 한국 조경의 제도적 원년으로 1972년이 꼽힌다. 한국 조경 1세대 인물들의 연령대가 아르코예술기록원에서 주시하는 구술 대상자 연령대와 겹치는 셈이다.

최근 조경 분야에서 기록과 기억을 다루는 전시가 눈에 띈다. 서울기록원은 2020년 10월 〈공원아카이브展 - 우리의 공원〉을 열었으며 2023년 12월 〈기록으로 산책하기_서울의 공원〉을 열었다. 2024년 봄에는 국립현대미술관에서 정영선 조경가의 전시가 예정되어 있다. 조경에서 지난 시간을 돌아보는 작업이 충분히 가능하고 공감대를 얻는 시점임을 알 수 있는 사건들이다.

조경과 관련한 구술채록 작업은 아직 본격적으로 시작되지 않았다. 조경보다는 인접 분야나 기관이 펴낸 단행본에서 성과를 엿볼 수 있다. 문화재관리국장을 지냈던 전통조경학자 정재훈이 경주를 중심으로 구술한 채록문이 『일곱 원로에게 듣는 한국 고고학 60년』(사회평론, 2008)에 실렸다. 서울시 공무원으로 목동 신시가지 건설사업부터 월드컵 공원, 경의선숲길에 이르기까지 중요한 사업을 주도한 오순환의 이야기는 『유리천장을 넘다: 서울시 여성공무원의 일과 삶』(서울책방, 2019)에 있다. 1964~1967년 건설부 산하의 도시설계 조직인 주택·도시 및 지역계획 연구실(Housing, Urban and Regional Planning Institute, HURPI)에 관한 구술채록 성과인 『HURPI 구술집 1964-1967』(마티, 2022)에는 오이코스 디자인의 조경가 고주석이 조직의 이야기와 함께 서울 남산공원, 대구 달성·중앙공원 등의 이야기를 담았다.

조경이 아닌 고고학, 복지, 건축 분야에서 낸 성과지만 세 책의 본문을 읽어보면 구술채록의 가치와 필요성을 알기는 어렵지 않다. 미국의 문화경관재단(The Cultural Landscape Foundation)은 미국조경가협회

(ASLA), 국립예술기금(National Endowment for the Arts) 등의 지원을 받아 '선구자들의 구술사(The Pioneers Oral History)' 프로젝트를 진행한다. 2006년부터 현재까지 19명을 대상으로 진행했으며 웹사이트에 영상과 채록문을 공개한다. 조경계에 익히 알려진 로렌스 할프린(Lawrence Halprin, 1916~2009)은 채록을 수행한 이듬해 작고했다.

구술채록은 어렵지만 중요하다. 성과물을 읽으면 구술채록이 왜 중요한지 바로 느낌이 온다. 도시경관과 관련해 수많은 프로젝트가 수행되고 있지만 아직 구술과 관련된 것은 보지 못했다. 역사가 없다고, 기록이 없다고 한탄할 필요는 없다. 역사와 기록 모두 힘쓰면 얻을 수 있다. 그것도 아주 생생한 것으로 말이다.

[1] 정보원, 『충실함을 높이기 위한 구술채록 방법』, 『예술인 구술채록의 안과 밖』, 한국문화예술위원회 아르코예술기록원, 13쪽.

[2] 관련 내용은 다음 글을 참고하였다. 윤택림, 『역사를 다르게 보여주다/읽다: 구술사』, 『출판문화』 655, 대한출판문화협회, 2020년 8월, https://m.post.naver.com/viewer/postView.nhn?volumeNo=29206583&memberNo=50199176

Medium

도시경관 × 작품집

네 개의 질문에 답하다

이수학 / quercus965@gmail.com

네 개의 질문을 받는다. '작업을 모아 책으로 묶는 이유와 만든 과정 그리고 이 과정의 즐거움이나 어려움은 무엇인가'. '아뜰리에나무의 웹사이트는 여느 설계사무소 웹사이트와 구조가 다르다. 웹사이트에 대한 이야기가 궁금하다'. '작품집과 웹사이트에 수록한 작업 중에 '청계천 프로젝트'가 기억에 남는데, 실현되지 않은(않을 그림만 남은 작업(paperwork)을 담는 의도는 뭔가'. '주제와 관련해 유엘씨에서 눈여겨본 부분이나 앞으로 기대하는 것이 있다면 무엇인가'. 이 네 개의 질문은 모두 하나의 주제로 수렴된다. 이야기한다는 것.

질문의 순서가 아니라 일이 벌어졌던 순서로 서술하면 그러하다. 조경에 관한 무분별한 열망만 가득하고 무엇 하나 할 수 없던 시절 혼자서 할 수 있는 것이 누리집을 만들어 이야기를 시작하는 것이었다. '한국정원 톺아보기'[1]가 그랬고 나중에 '아뜰리에나무'로 바뀌었지만 '조경공방 나무'[2]가 그랬다. 누리집의 구조는 의도한 것이 아니다. 하나의 단위는 각각의 얼개 속에 있고, 단위와 단위는 그저 느슨하게 이어져 있을 뿐이다. 그것은 이십 년 동안 조금씩 덧씌워진 결과가 만든 혼돈이다. 이를 줄이려 맞이쪽(index.htm)의 모습을 게으름의 끝에 섰을 때마다 바꿔보지만, 혼돈만 더하여진다. 그리고 누리집을 통해 모두 세 번의 열린 프로젝트(open project)를 진행했다. 나중에 하나둘 설계 일을 하면서 설계 프로젝트가 전면을 차지했지만, 아뜰리에나무 누리집의 시작과 근간은 열린 프로젝트를 통해 설계를, 조경을 이야기하는 것이었다.

열린 프로젝트는 거창한 시작과 제한된 뜨거운 열기가 게시판을 달궜지만, 지지부진한 작업과 열린 결과로 성과는 논의된 적 없고 드러난 문제는 여전히 답습되고 있다. 이 행위는 미약하여 무엇에도 영향을 주지 않았으며 미미하여 어떠한 압력도 없이 자유자재였다. 예정된 실패를 향해 묵묵히 나아갔던 열린 프로젝트는 비록 미완으로 끝났지만 설계가 하나의 언술이 되고 이것이 단일 지향점이 아니라 무수한 개별적 지점을 향하면서도 그것 또한 조경이란 이름으로 세상과 또 다른 접점을 보여주었다. 좀 심하게 비약하자면 들뢰즈와 가타리가 얘기한 '국가로 환원되지 않는 이 기계가 최고도의 환원 불가능성을 보여주는 동시에 승승장구하는 국가에 도전할 수 있는 활력 또는 혁명력을 갖춘 창조 기계

속으로 흩어져 들어가는 것이 과연 가능'[3]한 설계 기계가 될 수도 있겠다는 생각이 들게 했다.

이 생각은 이제까지 그리고 지금도 여전히 조경을 건축이 그러하듯 작품이라는 물리적 현현의 결과물 중심으로 바라보는 것이 옳은가 하는 의심으로 이어진다. 정원이나 공원은 건축물과 달리 끝없이 변한다. 삼 미터가 넘게 자라는 화살나무를 1.2미터의 수벽으로 둘러쳐서 만든 울타리가 언제까지 유지되어야 그것은 작품으로 남겨지는가. 도라지가 개망초로 자리를 바꾸고 양지꽃이 고사리밭이 되어가는 팥배나무 그늘은 원했던 정원이 아니라고 말할 수 있는가. 액자 속에 접어 넣을 수도, 유리 상자 속에 가둘 수도 없는 조경이 만든 그 모든 것들은 얼마 동안 조경가가 꾸었던 풍경으로 지속되어야 작품이라 할 수 있는가. 오해는 말아야 한다. 이 모든 의구심에도 불구하고 우리는 설계한 그것이 물리적으로 고스란히 만들어지도록 모든 노력을 다하여야 한다. 그러나 그러한 노력과 별개로 아니 그러한 노력이 전부가 아니라는 사실 또한 명백하다.

이러한 생각은 행위 자체를 조경이라 규정하는 극단의 자세를 취하게 한다. 그러니까 만들어진 결과물이 아니라, 마주한 것을 대하는 태도와 그 태도에서 비롯된 행위가 조경이다. 그랬을 때 이 행위는 때로 결과물인 정원이나 공원 또는 가로나 광장으로 남겨질 수도 있고, 한 권의 책이나 그림으로 남을 수도 있겠다. 중요한 것은 만들어진 사물에 있지 않고 사물과 인식 사이에서, 만들어진 정원이나 읊조린 말로부터 우리가 느껴 그려진 경관이라는 감각에 있다. 이렇게 놓고 보면 그 동안 유엘씨가 만든 책이 수식어 없는 조경 자체다. 바라보는 시선이 있고, 그 시선으로 사물과 인식의 접점을 드러내 새로운 풍경을 우리 안에 그려낸다면 그것이 조경이 아니고 무엇인가.

책 '태도'는 이천십칠 년으로 작업을 시작해 칠 년이 걸렸다. 재능은 좀 떨어지지만, 과묵한 편집자가 이 어처구니없는 여정을 함께 해서 가능했다. 그의 도저(到底)한 어리석음은 가로가 긴 초벌그림을 세로로 긴 판형에 구겨 넣어 반쪽을 접는 그러니까 펼치면 세 쪽이 보이도록 편집한 것이었는데 인쇄사에서 인쇄가 불가능하다는 얘기를 듣고 판형 자체를 바꿔 전체를 다시 편집해야 했고, 천 쪽이 넘는 책을 한 번에 제본하겠다고 했는데 역시 제본소에서 가로가 긴 판형은 두께가 오 센티미터를 넘을 경우 제본에 문제가 생긴다는 얘기를 듣고 부랴부랴 두 권으로 다시 나눠 편집했다. 나중에 밝혀졌지만, 그는 편집 디자인 전문가가 아니었다. 그의 매끄러운 아마추어리즘이 빚은 만행(蠻行)을 이 자리를 빌려 규탄(糾彈)하며 판권지에 그 이름 당장 지우라.

초벌그림은 그려진 순서로 배열되고 설계│설계안을 얘기하는 말 설계는 초벌그림의 순차를 역류해 나선의 궤적으로 거스른다. 대상지를, 대상지 위에 덧씌운 선을, 선들이 모여 만든 면과 들고 일어선 공간을, 그 공간을 그리던 그를 마주하며 흩어진 낱낱의 이미지와 텅 빈 공간이 숨긴 풍경을 하나씩 들춰 펼쳐 보인다. 말 설계는 설명(說明)이 아니다. 말 설계는 진술(陳述)이 아니다. 말 설계는 서술(敍述)이다. 구체적인 상세한 묘사(描寫)로부터 시작해 그것이 그려낸 공간과 경관 속으로 들어가 다시 우리가 감각할 수 있는 풍경을 풀어 놓는 일이다. 말 설계는 그려진 또는 계획된, 아니면 만들어진 풍경조차 지우고 바라보게 될 때 느껴 그려지는 어떤 경관이다. 이렇게 보면 오언절구나 칠언절구의 팔경 또는 십경으로 된 시는 가장 완벽한 말 설계의 모습이지 않겠는가. 책 '태도'는 그것과 정반대의 길을 갔다. 장황한 묘사 속에 풍경은 뭉개졌으며 중언부언으로 길을 잃었다. 텀블벅 펀딩 소개글에서 "허먼 멜빌의 '백경'과 도스또옙스끼의 '백치'에서 영감을 받아 썼으며 보르헤스식 농담이 담겨 있다." 했지만 이것은 실패의 자기부정이며 한계의 자가당착이다. 그래도 시도는 했다는 노력 대가성 위로가 무슨 소용 있겠는가.

다시 처음으로 돌아가 '이야기한다'는 것은 무엇인가. 왜 그 또는 그녀는 이야기하려 하는가. 이런 생각, 땅 위에 발을 딛고 서 있는 나, 나와 같은 사람, 수많은 사람, 그들이 서 있는 지구, 지구가 목매달은 태양, 태양이 거둬들인 떠돌이 별이 모인 태양계, 그 태양계가 속한 우리은하, 은하들이 모여 있는 초은하단, 초은하단 속 미립자 같은 떠돌이 행성 하나, 그 별의 극소미립자인 나, 그 나가 바라보는 물방울, 물방울 속에 들어앉은 우주, 그 우주를 바라보는 나, 우주의 극소미립자 혹은 아직 형성되지 않은 별, 이제 막 인력을 끌어모아 중력을 만들고 있는 별. 내용과 형식,

차이와 동질, 무게와 밀도, 미완과 완전, 산개(散開)와 수렴(收斂), 생성과 소멸로 이어지는 과정의 미립자인 나. 그 나는 그렇게 또는 이렇게 이야기를 통해 형성되고 있는 하나의 오롯한 별. 이제 막 이름을 갖기 시작한 B612, 그 별이 만드는 하나의 우주. 그렇다 우리가 이야기하는 까닭은 우주 속에서 생성과 소멸의 궤적을 그리는 하나의 별이기 때문이며 이 별은 여전히 이야기를 통해 만들어지는 중이다. 아니면 그처럼 소멸을 향해 가고 있거나. 유엘씨라는 별의 우주는 생성 중이다. 그 우주가 만든 세상이 어떻게 될지 누가 알겠는가.

[1] www.jongwon-koreangarden.com에서 창덕궁후원을 중심으로 조선시대 정원과 일상의 경관에 관해 얘기를 시작했다. 지금 '한국정원 톺아보기' 누리집은 없어지고 그 내용은 '아뜰리에나무' 누리집으로 옮겨 놓았다.

[2] www.ateliernamoo.com, 몇 해 전에 도메인비를 제때 내지 않아 다른 곳에서 이 주소를 사용하였다. 그때 다시 만든 주소가 www.ateliernamoo.xyz다. 이 주소는 이름에서 전문적인 포르노사이트 분위기가 나서 좋다. 그리고 이후에 .com 주소도 다시 찾았다. 웹도 여느 세상과 마찬가지로 도메일을 둘러싼 소리 없는 전쟁이 벌어진다.

[3] 질 들뢰즈Gilles Deleuze · 팰릭스 가타리Félix Guattari, 천 개의 고원, 김재인 옮김, 새물결, 2001, 682쪽. 이수학, 태도, 아뜰리에나무, 2023, 39쪽에 같은 문구가 인용되었다.

Roundtable

Roundtable

ULC D 라운드테이블

유엘씨프레스 / ulcpress@naver.com

- 일시: 2023년 12월 4일 월요일 오후 7시 30분
- 장소: 줌(ZOOM) 온라인
- 참석자: 김모아(환경과조경), 김지환(LADIO),
  박영석, 손은신(AURI), 신명진 임한솔

박영석: 안녕하세요. ULC D호 라운드테이블에 오신 여러분들 대단히 반갑습니다. 지금부터 3개의 꼭지에 대해서 이야기 나눌까합니다. 먼저 지난 4년간 10권의 ULC를 발행해 오면서 들었던 고민들, 지금에 이르러 다시금 도시경관 출판을 바라보게 된 계기에 대해서 임한솔 박사님께서 소개해 주실거고요. 두 번째는 오늘 와주신 패널과 편집진 여러분들께서 바라본 지난 ULC에 대한 소회를 나누어 보겠습니다. 마지막으로는 앞으로의 ULC 또는 앞으로의 도시경관 출판에 대한 생각을 나누어 보겠습니다. 사실 꼭지가 3개라고 하지만 순서에 상관없이 생각 나시는 대로 말씀해 주셔도 좋습니다. 그럼 먼저 임한솔 박사님께서 오늘 이야기를 나누게 된 배경을 설명해 주시겠습니다.

임한솔: 그동안 A·B·C·D호에서는 프로젝트 단위로 뭔가 새로운 걸 만들고자 했고, 1·2·3·4·5·6호에서는 있는 이야기들을 모은다는 생각으로 만들었어요. 이번 호는 그 책들을 돌아보고 묶어보고자 하는 생각으로 마련했어요. 10권째인 D호를 맞아서 뭔가 새로운 걸 만들어보고 싶은 마음이 있는데,

마침 기관 지원사업도 따로 한 게 없고 그동안 일정에 맞추며 임기응변으로 만들어오던 저희 작업을 전반적으로 되짚어보고 싶었던 거예요. 그런 마음으로 이번 책은 제가 기획안을 써서 글을 받아보고 싶은 선생님들께 청탁서를 보냈습니다.

D호 제목은 '도시경관 출판하기'예요. 저희가 도시경관 매거진이라고 스스로 쓰고 있지만, ULC가 그에 걸맞은 책이라 할 수 있는지에 대해 저희 스스로도 생각할 여지가 많아요. 사실 굉장히 느슨하거든요. 일정도 느슨하고, 주제도 느슨하고, 뭔가 장기적인 계획 없이 그때그때 손닿는 것들에 손을 뻗곤 했어요. 그렇다면 우리에게는 정말로 아무 계획이 없었는지, 기저에 무슨 생각이 있었는지, 앞으로는 어떤 기획을 할 수 있겠는지, 달라진다면 어떻게 달라지는 게 좋겠는지 하는 이야기를 이번 기회에 두루두루 하고 싶었어요.

솔직하게 말씀드리면 그 느슨함이라는 게 지금까지 알리바이가 되기도 했어요. 조경 분야는 뭔가 일을 벌일 때 허들이 낮잖아요. 사람도 일도 붐비거나 치이는 일이 비교적 없고요. 저희 같은 방식으로 조경을 다루는 지면이 드무니 어찌됐든 없는 것보다 있는 것이 나은 것 같고, 있기만 한다면 가치를 보장받을 수 있는 것 아닌지 하는 안일함도 생겼던 것 같아요. 그런데 이 느슨함을 계속 가지고 가기는 싫었어요. 그렇다고 이 느슨함을 버리자니 부캐들이 짬짬이 하는 일에 더 높은 집중력을 모으기가 부담스럽고요. 이

런 이야기는 하면 할수록 생각이 많아졌어요. 이런 상황에서 뭔가 다른 핑계거리가 없나, 다르게 움직일 수 있는 에너지가 없을까 상상하면서 힌트를 얻고 싶어서 여러 분들께 청탁을 하고 피드백을 받고 있습니다. 책은 총 네 파트로 꾸몄어요. 첫 번째 파트에서는 저희 편집진이 얘기를 하고, 두 번째 파트에서는 잡지업계에 종사하고 계신 선생님들을 모셔서 출판과 매체에 관한 이야기를 청했어요. 세 번째 파트에서는 책·칼럼, 글, 사진, 전시, 논문, 번역, 구술, 작품집을 펼쳐놓고 도시경관 잡지를 만들 때 쓸 수 있는 매체 혹은 도구라고 할만한 것들을 가지고 각각 경험이 있으신 전문가 선생님들께 에세이를 부탁드렸어요. 마지막 네 번째 파트에서는 피드백을 받아서 ULC라는 책이 무엇이었는지, 지금 우리에게 어떤 의미가 있는지를 직접적으로 나누어 보고 싶었어요. 라운드테이블을 하는 지금은 원고를 청탁하고 펀딩을 개시한 뒤 책을 만들어나가는 중입니다.

박영석: 네 감사합니다. 임 박사님이 말씀해주신 알리바이를 듣다 보니까 제일 먼저 드는 생각이 있습니다. 김지환 소장님은 여러 호에 걸쳐서 저희 책을 광고로 후원해주셨는데, 후원할 만큼 괜찮은 책이던가요?

김지환: 사실 잘 아시겠지만 이게 광고 효과를 노리고 한 거는 전혀 없었고, 누군가가 그 책을 봤을 때 책 뒤편에서 라디오에 대해 인지를 하고 있는 것만으로도 저는 서로에게

좋다고 생각을 하고 있거든요. 그리고 무엇보다 ULC에서 이번에 한 설문조사 있잖아요. 거기에 제가 뭐라고 적었냐 하면, 도시가 있는 이상 조경이 필요하다고 생각을 하는 게 제 생각인데, 조경이 존재하는 이상 ULC도 존재해야 된다. 저는 그렇게 생각을 해요. 그래서 후원 개념이 아니라 제가 저한테 밥을 주는 개념인 거죠. 그러니까 제가 살아가려면 밥도 먹고 물 마시고 하는 것처럼 ULC에 제가 뭐라도 하는 것 자체가 그게 글이 됐든 박 소장님이랑 나눈 대화가 됐든 실제적으로는 금전적인 것이 필요할 수 있으니까요. 제가 존재하기 위해 같이 존재해야 되는 거고 같이 존재하려면 제가 최선으로 할 수 있는, 부담이 너무 되지 않는 선에서 할 수 있는, 최선을 그냥 다하고 있는 것뿐입니다. 그러니까 제가 제 스스로를 광고할 필요는 없는데, 멀리는 있지만 하나같은 마음으로, 넉넉하지만은 않은데 그래도 제가 밥을 안 먹을 수 없는 것처럼, 그런 마음으로 하고 있는 거라서 이렇게 다들 어디선가에 존재해주셔서 감사할 따름이죠. 이상입니다.

박영석: 너무 감동적인 멘트였습니다. 제가 아는 김 반장님은 장식적인 말을 지어내서 하시는 분이 아니고, 진짜 일기장에 한 번쯤 썼던 말만 하시는 분이거든요. 정말 그 진심이 느껴져서 감사드립니다. 또 꾸준히 저희에게 후원해주셔서 늘 감사드리고 있습니다. 손은신 박사님은 어떠셨어요? 연구기관에서 다양한 레퍼런스들을 접하고 또 생산하시잖아요.

그 와중에서 ULC는 어떤 레퍼런스인가요?

손은신: 저는 ULC를 보면서, 일단 아까 총 10권 출간하셨다고 하는데 그 자체에 경의의 표현을 드리고 싶고, 사실 되게 힘든 작업이잖아요. 2019년에 소장님 처음 오셔서 저한테 이렇게 기획을 설명하시면서 원고를 하나씩 썼으면 좋겠다고 하셨을 때가 생각이 나거든요.

그때 이후로 굉장히 오랫동안, 스펙트럼도 넓게 다양한 작업들을 해 오셨던 것에 대해서 굉장히 경의를 표하고 싶어요. 사실 어떤 호의 주제는 좀 어려운 것 같다는 느낌을 받을 때도 있었어요. 제 경우에는 가장 어렵다는 느낌을 받았을 때가 아마 가장 두꺼운 책이었던 것 같은데, 공공예술로서의 조경, B호가 사실 작업하는 과정도 뭔가 되게 길고 어려웠지만 결과물도 되게 어렵다는 느낌을 받았던 반면에, 또 어떤 호는 굉장히 쉽고 재미있게 받아들일 수 있는 호도 있었던 것 같고요.

연구기관에서 일하기 때문에 저에게 ULC 원고 작업은 약간 여가 시간 같은 개념이기도 하고요. 제가 예전에 했거나 들여다보았던 내용들을 연구기관에서 또 들여다보게 되는 기회가 그렇게 많이 오지 않는데, 오히려 가끔 이렇게 전에 공부했던 내용들을 다시 들여다보는 작업들을 많이 할 수 있었던 것 같아서 좋았어요.

사실 가장 잘 팔렸던, 그러니까 많은 분들이 그 책, 그 호가 재미있었다고 했던 호는 제 느낌에는 코로나 관련 호였거든요, A호였나요? 그 빨간 표지 책은 주변에서 많이 요청하기도 해서 제가 가진 걸 거의 다 주변에 나눠드렸던 것 같아요. 아마도 어려운 현실 상황에 대해서 조경 분야에서 그런 내용을 다루는 잡지가 별로 없고, 『환경과조경』에서도 특집호를 내긴 하셨지만 아마 연구적으로 들여다본 책은 없었던 같아서 그러지 않았나 싶습니다. 이런 여러 가지를 포함해서 그동안 10권을 내신 것에 정말 경의를 표하고요, 오늘 말씀을 들으니까 더더욱 굉장히 의미가 있는 작업들이었다는 생각이 듭니다.

박영석: 감사합니다. 김모아 기자님 말씀 여쭙고 편집진 내부의 자성의 목소리를 좀 들어볼까 해요. 김 기자님은 『환경과조경』 현직 기자신데, 기자의 시선에서 ULC는 어떠셨나요?

김모아: 조금 부러웠던 게 ULC는 잡지라기보다 뜻 있는 사람들이 모여 독특한 활동을 펼치는 그룹으로 느껴져요. 그런 이미지를 구축하는 게 쉽지가 않다고 느끼거든요. 『환경과조경』도 기자정신을 가진 에디터가 만들어나가는 잡지이지만, 기본적으로 상업지이고 기자는 회사에 소속된 회사원이잖아요. 자발적으로 잡지라는 형식의 콘텐츠를 만들고 싶어 결성된 ULC와는 조금 결이 다를 거예요. 그 태생적 차이에서 느껴지는 긍정적 에너지가 있어요. 가끔 독자들이 『환경과조경』을 받으면, 그 어떤 코너보다 기자들이 직접 쓰는 지면을 제일 먼저 읽는다

고 말했는데 잘 이해하지 못했거든요. 그런데 ULC에서 제가 제일 좋아하는 코너가 라운드테이블과 편집 후기를 담은 지면이에요. 그 글들을 읽으면 내가 이들과 같은 세상에서 살고 있고 비슷한 시기에 비슷한 이슈로 고민을 하며 산다는 걸 새삼스럽게 느끼거든요. 편집진들이 친밀하게 느껴져요. ULC의 또 다른 강점은 온라인과 오프라인 콘텐츠가 밀접하게 닿아있다는 점이에요. 포럼이나 행사를 여는 것도 쉽지 않은데, 그 일들을 꼬박꼬박 기록하는 일 역시 놓치지 않고 있다는 점을 대단하다고 느끼며 보고 있습니다.

박영석: 오늘 라운드테이블 여기서 마치겠습니다. 감동받을 거 다 받았어요(웃음). 행복할 때 끝내야 되는데... 너무 좋은 말씀 감사드려요. 저희가 ULC를 시작했던 지점으로 좀 돌아가 볼까 합니다. 2019년 여름 쯤 대학원에서 지원금 공모가 있었습니다. 그때 기획안이 통과되면 100만 원인가 지원해 주겠다고 해서, 당시 연구실에 계신 분들 임 박사님, 신 박사님, 손 박사님 꼬셨죠. 뭘 하나 해보자. 그래서 시드머니를 가지고 도시경관 카탈로그 0호를 시작했고, 이 플랫폼으로 한번 가보자고 해서 여기까지 왔습니다.
사실 1호 2호 3호까지는 어떤 기존 잡지의 문법을 좀 따랐던 게 있어요. 예를 들어 서평, 에세이 등 서브 라벨 안에서 필진들을 구성했었어요. 가벼운 글, 무거운 글... 학술적인 것도 좀 담자 이런 욕심들이 있었습니다. 그러다 4호, 5호, 6호 들어서는 저희가

조경 트릴로지라고 부르는 연구자, 설계자, 시공자 특집으로 갔어요. 아주 큰 그림을 그려서 트릴로지로 갔다기보다 4호를 준비하는 시점에서 이것을 해치우기 위해서, 이것도 또 하나의 알리바이인데... 우리가 연구자니까 일단 연구자 안에서 한번 우리가 한 호를 꾸릴 수 있겠다 싶어 시작했습니다. 4호를 마치고, 5호를 기획할 시점에서 그래 연구자 했으면 이제 설계자 특집으로 가자. 그런데 가급적이면 대형 설계 업체의 유명 조경가보다 우리 시대의 젊은 조경가들을 찾아서 소개하자 이런 기획이었던 것 같습니다. 마지막으로 시공자 특집은 사실 우리가 조경계에 몸담고 있지만 시공이 어떻게 돌아가는지는 많이 알려져 있지 않잖아요. 저도 너무 궁금했어요 가림막 안이. 그동안 궁금했던 것을 어떻게 풀면 좋을까 하다가 다섯 분과 인터뷰를 했습니다. 인터뷰하다 보니까 시공 과정의 숨은 이야기들이 너무 재밌더라구요. 좋았다는 피드백도 많이 받았습니다.
이렇게 정규호 1, 2, 3, 4, 5, 6호기 됐고 특별호 A, B, C호가 나왔습니다. 10권 째 D호가 발행되고 나면 7호가 나와야 되는데 어떤 방향으로 가야 할지 오늘 여러분과 나누어 보고 싶습니다. 신 박사님은 지난 4년, 돌이켜 보면 어떠신가요?

신명진: ULC 편집진이 3명이잖아요. 원래 정반합이라고 해서 3명이 있으면 반드시 2명은 싸움을 하기 마련이고... 무슨 얘기하시려는지 아시죠, 소장님? (하하) 저희가 어찌보

면 참 다행히도 3명이 서로 내부적으로 바라보는 관점도 되게 다르거든요. 근데 그게 지금까지는 어떻게 보면 결과적으로는 장점으로 작용을 한 적이 많은 것 같아요. 우리끼리 일단 낸 다음에 어라어라? 이런 게 아니라 안으로 충분히 싸우고... 아시는 분들은 아실 겁니다 (하하)

여기서 제가 정반합의 '반'을 맡아요. 사실상 언제나 반대하는 입장에서 얘기를 하죠. 우리가 어떻게 나가야 할까 이걸 해야 될까 이런 걸 고민할 때 저는 다른 분야 것들을 더 많이 보거든요. 미술도 그렇고 공연 예술 쪽이라든지 문학 잡지들을 많이 보고 인디 책도 보고... 어떻게 보면 외국 것들을 주로 보다 보니까 뭘 해야 될지가 되게 고민이 되는 지점이 엄청 많았던 것 같아요. 언제나 우리가 언제까지 이 콘텐츠로 갈 수 있을 것인가, 어떨 때는 기자님 말씀대로 우리가 출판보다는 무슨 활동하는 그룹이라고 가야 되는 거 아닌가 싶기도 하고. 출판을 해야한다는 거에 자꾸 방점을 찍으면 마감에 쫓기다 글의 전반적인 완성도가 좀 떨어지는 부분이 있었지 않나 이런 고민들. 기획의 완성도가 떨어진다는 느낌이 받았던 적도 몇 번 있었고요. 좋게 말하면 자성의 목소리, 그렇지만 대놓고 말하자면 반대의 목소리를 언제나 내고 있었죠.

그런데 제가 박사 졸업하고 나서 딴짓을 많이 했는데 그러면서 새로운 사람들을 만나다 보니까 의외로 ULC를 궁금해하는, 조경이 전혀 아닌 사람들이 많더라고요. 그게 되게 신기했어요. 우리가 그러잖아요. 조경은 그 사람이 그 사람이다. 사람이 없다. 그리고 또 우리끼리 하는 얘기가 밖에 나가면 의미가 없는 것 같다. 우리는 언제나 마지막이야, 이런 얘기 많이 하잖아요. 근데 이제 보니까 우리가 이런 고민을 테두리 안에서 밖에는 안 했다는 생각도 들었어요. 행정이나 이런 걸 떠나서 실제로 우리가 다른 분야에 손을 내민 적이 많나, 라는 생각도 굉장히 좀 많이 들었고. ULC는 그렇게 보면 충분히 좋은 창구였는데 10권에 오기까지 충분히 안했다, 라는 생각도 많이 들어서 그런 반성의 기분을 좀 느낍니다.

임한솔: 말씀을 들으면서 독립 출판이 통상적으로 2년과 3권이라는 숫자를 못 넘어간다는 통계를 떠올렸어요. 그런데 어떻게 보면 당연한 것 같아요. 왜냐면 독립 출판은 그냥 하고 싶어서 하는 거잖아요. 하고 싶어서 하는데 그 행동이 해야만 하는 루틴이 되면 그만하는 거예요. 어느 정도까지는 재미로 하다가 '이걸 언제까지 해야되지?'라는 의문이 들면 그만하는 거거든요. 저희는 상업 출판이 아니잖아요. 그러니까 『매거진 B』 같은 책은 이제 독립 출판이 아닌 거고, 하다못해 『SPACE』이나 『환경과 조경』도 상업지잖아요. 물론 김지환 소장님처럼 후원해주시는 분들께서 계시고 지속할 수 있는 힘은 됐지만, 이 다음에도 계속 새로운 걸 해야겠다는 의지까지는 해결되지 않는 상황인 것 같아요.

처음에 시작했을 때부터 어느 정도까지는 만드는 것 자체로 재밌었어요. 그리고 보면 그때까지만 해도 독자를 별로 의식하지 않았던 것 같아요. ULC를 시작할 때 박영석 소장님이 저희를 설득했던 이야기가 뭐였냐면, '아니 너 대학원 때 페이퍼 쓴 것 중에 재밌는 거 있지 않냐, 그거 그냥 놔두면 없어지는 건데 아깝잖아, 그러지 말고 여기서 바로 실어버리자, 그럼 책 된다' 이거였거든요. 혹했어요. 예를 들면 우리가 목탄이나 콩테 같은 걸로 그림을 그리면 그 위에 정착액을 뿌리잖아요. 이 지면은 흩어지는 생각에 정착액을 뿌린 지면이다, 그렇게 완성도에 대한 부담을 갖지 않으니까 간단하고 의미 있게 느껴졌고 쉬우면서 재미도 있을 것 같았어요. 어쩌면 시처럼 쓰고 일기처럼 쓰고 아무나 쓰고 심지어 오래 전에 썼던 것도 재활용할 수 있고요.

그런데 몇 번 하니까 재료가 떨어졌어요. 필자를 또 어디서 구해? 이제 쟁여놓은 것도 없는데. 그러면 필요에 의해서 쓰게 되고, 청탁을 하기 시작하고, 그러면서 잡지업계를 간접 체험하게 되고 그랬던 것 같아요. 게다가 텀블벅 펀딩 구매력이 점점 떨어지면서 상대적으로 옮아가는 알라딘 등 온라인서점 구매 이력은 티가 안 나잖아요. 점점 소리 없는 독자들을 의식하게 되면서 재미가 살짝 떨어지더라고요. '해야되는' 일처럼 되면서 계절이 돌아오잖아요. 그런 느낌과 맞닥뜨릴 생각은 전혀 없었는데. 그렇게 되니까 우리가 지금 하는 게 뭔지를 생각해 볼 필요가

있었던 것 같아요.

그렇다고 그만두기는 싫었어요. 김모아 기자님 말씀처럼 저희에게 활동의 의미가 있는 것 같아요. 예를 들면 저희가 서울문화재단 예술인연구모임지원 같은 지원사업에 고민없이 쓰거든요. 박영석 소장님을 대표로 해서 몇 명 모으고, 이 기회에 같이 하고픈 분께 연락도 드리고 하면 제안서 꼴은 금새 만들어져요. 그렇게 몇 번의 제안서가 잘 됐고요. 이런 모임을 깨고 싶진 않아요. 그런데 하다 보면 뭔가를 수습하는 데 노력을 쏟게 되는 듯한 느낌이 들 때가 있었어요. 가다듬고 나아가는 데 노력을 들이고 싶은데요. 결국에는 우리가 이 책을 매개로 어떤 활동을 하는 것이고 결국 나한테, 그러니까 우리한테, 만드는 사람한테 의미가 있어야 된다는 생각이 들었어요.

그리고 한편으로는 이제 10권 정도 했으면 독자를 제대로 의식할 때가 된 거 아닌가 싶어요. 우리가 제대로 된 책을 만들려고 하는 건지, 네트워킹을 해서 동료를 만들려고 하는 건지, 남들이 안하는 기록이라는 것에 집중해서 출구를 찾아 나갈 건지 하는 것들을 두고 서로 토론을 할 필요가 있다고 생각을 해요. 정말 솔직하게 말하면 ULC를 계속해야 되는지부터 가감없이 이야기를 나눠봐야 한다는 생각이 들었어요. 이런 대화를 하지 않는다면 깨지는 게 아니라 녹아버리지 않을까 싶어요. 그렇다면 어떻게 얘기하지? 책 만들기를 계기로 삼아서 이야기해보자, 저한텐 그게 프로젝트 D호인 것 같아요.

박영석: 패널분들 잠시 좀 나가주세요(웃음).

김지환: 김어준이 쓴 책 중에 『닥치고 정치』라는 책이 있거든요. '닥치고 ULC' 하면 좋을 것 같아요. 발언이 너무 거칠어서 죄송합니다. 그러니까 저는 말씀하셨던 걸 저는 다 했으면 좋겠어요. 제가 아까 말씀드린 것처럼 도시가 존재하는 한 조경이 필요하다고 생각해서 도시에 조경을 하려고 하거든요. 그런 것처럼 도시가 있다면 ULC도 존재할 수 있을 것 같아요. 신명진 박사님 말씀처럼 토목, 문화, 예술 쪽으로도 접근해보면 좋을 것 같아요. 완전 엔지니어들 있잖아요. 완전 엔지니어분들 기계, 설비부터 지금 BF(barrier free)라든지 저영향 개발이라든지 이런 분야도 조경과 관련된 분야이기도 하거든요. 우리가 오히려 기술 분야를 놓치고 있는 게 아닌가는 생각이 들어요. 예술과 공간 관련 분야는 충분히 논의가 되고 있는 거 같은데 토목과 설비와 전기 그쪽으로 충분히 지금 이 시대에 맞춰서 기술들이 많이 나오고 있거든요. 오히려 그런 부분과 계속 연결을 시키면서 자기가 살고 있는 동시대 동료들을 많이 발굴해야 된다고 봐요. 박사님들끼리 계시다 보니까 너무 학문적인 경향이 있을 수도 있을 것 같은데, 저는 현업에서 많은 기술 전문가들을 만나고 있으니까 이야기 하다보면 이런 분들이 충분히 많이 있다는 생각이 들기도 하거든요. 도시 안에서 도시를 작동시키는 분들이 엄청 다양하다고 봅니다.

그리고 저는 계속 위태위태했으면 좋겠어요.

그래야 계속 고민하고 싸우지 이거 뭐 돈 왕창 벌게되면 안 할 거잖아요(웃음). 그래서 저는 독립적인 것을 유지하기 위해서 위태위태했으면 좋겠고, 그리고 김모아 기자님이 말씀하셨던 것처럼 계속 동적으로 활동한다는 느낌을 줄 수 있으면 좋겠어요. 동시대적인 동료들을 발굴하기 위한 활동들이 동적으로 나타날 것 같기는 하거든요. 그리고 마지막으로 하나가 독보적이면 좋겠다는 생각이 들어요. 독보적인 건 뭐냐면 막 굉장히 뛰어나다기보다는 한쪽 분야로 계속 가서 독립적으로 존재만 할 수 있다면 좋지 않을까는 생각이 좀 있고요. 그리고 또 이제 금전적으로 완벽했으면 좋겠다. 그러니까 그것들이 이렇게 지속되다 보면 언젠가는 뜻하지 않은 곳에서 뭔가 상업적 결실을 이룰 수 있지 않을까요? 다나카씨가 10년인가를 다나카로 살다가 얼마 전부터 사람들로부터 집중적인 관심을 받은 것처럼요.

지금 4년 했지만 4년도 저는 좀 짧다고 봐요. 한 10년은 가셔야 되지 않을까요? 다들 죽을 동 살 동하는 지금 모습인데 더 넓어져야 되고 더 위태위태해도 된다고 생각해요. 힘들 수 있고 현타가 올 수도 있다고 봐요. 여기 계신 분들의 목표가 흐트러질 수도 있죠. 그런데 그것조차도 기록을 해야 되지 않을까 싶어요. 그러니까 기성과 달라지려면 그렇게 가야 된다고 봐요. 근데 에너지는 충분하지 않나 싶기도 하고. 그리고 시선을 조금만 바꾸더라도 더 많은 동료들을 발굴할 수 있을 것 같고. 그런 분들이 ULC, 말 그대로 도시경관 카탈로그와 굉장히 잘 맞을 거 같아요. 스펙트럼이 더 넓어지지 않을까 하는 생각이 듭니다. 그래서 더 위태위태하게 더 더 넓게 가셔야 되지 않나 싶습니다. 이상입니다.

박영석: 좋은 말씀 감사합니다. 김지환 반장님 말씀에서 네 가지 해시태그를 뽑아내면 '동적인', '독보적인', '독립적인', '돈 적인' 이렇게 볼 수 있을 것 같아요. 네 가지 키워드 모두 마음에 와닿고, 앞으로 구체적으로 생각해 볼 만한 부분인 것 같습니다. 또 자유롭게 이야기 더 들어볼까요?

신명진: 나머지 패널께 생각할 시간을 드리는 동안 반장님께 한 가지만 말씀을 드리자면, 소장님이 말씀은 저렇게 하셔도 시공 관련 책 하실 때 진짜 힘드셨거든요. 본인은 절대 말씀 안하시는데 저희는 옆에서 봤으니까. 그런데 힘들었던 이유 중 하나가 저희는 기본적으로 글을 부탁드린단 말이에요. 근데 글을 쓸 사람이 없어요. 정말로. 그래서 결국에 전체가 인터뷰가 된 거예요. 그리고 그 분야별 트릴로지의 첫 번째를 연구자를 했던 이유도 뭔가 우리만 자꾸 얘기하는 것 같고 너무 재미가 없으니까 사람들을 좀 모아보자 싶었던 거였는데. 다른 사람들한테 이런 걸 할 의향이 있는지 좀 알아보고자 실험처럼 의뢰를 드렸던 건데 결국에는 굉장히 힘들었어요. 연구하는 사람들한테 연구가 아닌 글을 써달라고 하는 게 굉장히 힘든 일이더라고요. 마찬가지로 설계도 시공도 다

그랬어요. 그러니까 생각보다 글을 쓰는 사람이 없는 거예요. 근데 저희는 기본적으로 글을 쓰는 집단인 거고, 글을 출판하는 집단인 거고. 물론 그분들을 만나는 것까지는 너무 좋은데 그러고 나면 굉장히 난감해지는 거죠.

결국 포맷에 문제가 계속 생기는 거예요. 사실 허구한 날 저희가 싸우는 게 이거거든요. 어떤 포맷으로 가야 되냐 우리가 목적이 대체 뭐냐. 우리가 그렇다고 해서 이것만 붙잡을 수는 없으니까. 저희 각자 이게 본업이 아닌데 할애할 수 있는 시간과 리소스가 정해져 있는 상황에서 우리가 우리의 정체성을 잃지 않으면서 그렇지만 너무 끌려다니지 않아야 된다는 그 밸런스 맞추기가 굉장히 힘들었거든요. 그 지점을 좀 공유드리고 싶었어요. 소장님이 정말정말 고생 많이 하셨거든요.

임한솔: 저희는 책을 잘 만들 자신은 있어요. 그런데 잘하고 못하고를 떠나서 '이걸 왜 해야 하지'라는 현타를 겪는 거죠. 말하자면 이 작업이 충분히 의미가 있는지, 그게 어떤 식으로 우리에게 돌아오는지 하는 생각을 하는 거예요. 그런 부분이 가시화 되면 의심을 덜 할 수 있을 것 같아요.

그런데 연구-설계-시공 트릴로지 했을 때도 그렇고 자꾸 눈이 그쪽으로 돌아가는 것 같아요. 심지어 홈페이지 방문자 수나 텀블벅 펀딩 수를 보면 참 미미하죠. 『환경과조경』 같은 경우에는 피드백이 부족하다고 느

낀다고 해도 유통의 방식이나 효과 같은 것들은 어느 정도 정해져 있잖아요. 그런 부분은 다른 것 같아요. 저희는 작고 위태위태하고 열려 있는 상태로 우리가 하고 있는 것의 의미나 가치를 계속 의심하는 것 때문에 스트레스를 받는다는 느낌이 있어요. 가령 책을 낼 때 자존심이 있으니 눈 감지 못하고 교정을 보게 되거든요. 시간이 많이 들더라도 충분히 개입해서 글을 고쳐요. 그런데 이 일이 의외로 쉽지 않은 일이에요. 내 글이 아닌 글을 신경 써서 고치는 건 솔직히 꼭 필요하지 않으면 하고 싶지 않은 일이죠. 예컨대 전기업 전문가분들의 목소리를 책으로 낸다면 어떻게 만들어야 할까. 어떤 말이나 글을 끌어낼지부터 그걸 가공하는 것까지 실은 상당한 공이 들어간다는 건 틀림없어요.

김모아: 저 역시 비슷한 고민을 하고 있는 입장이라 말을 덧붙이자면, 『환경과조경』도 새로운 사람을 발굴하고 다루는 특집은 일 년의 리듬을 고려해서 기획해요. 품이 많이 드는 기획이라 1월에 사람을 다루는 특집을 했다면 2월에는 비슷한 결의 프로젝트를 묶어 소개하거나 하는 식으로 중간중간 숨 고를 틈을 두는 거죠. 그런데 확실히 독자들은 사람에 관심이 많은 것 같아요. 사람을 다루는 특집을 하면 페이스북이나 인스타그램에 찍히는 좋아요 수부터 달라져요. 그럼에도 불구하고 그런 특집을 자주하지 못하는 이유는 필진 확보가 쉽지 않아요. 필진들의 학교와 지역이 균등하게 배분되도록 노력하면

서, 비슷한 분량과 이질적으로 느껴지지 않는 결의 글을 쓸 수 있는 사람을 하나의 주제로 섭외한다는 게 생각보다 힘들더라고요. ULC가 활동을 주로 하는 그룹이 될지 잡지 발간에 더 중점을 둘 지 알 수는 없지만, 일 년의 큰 목표를 잡는 게 어떨까 합니다. 총 네 권의 책을 발간한다면 그 중 한 번은 인물 중심의 특집을, 한 번은 공간을, 한 번은 사회적 이슈를, 한 번은 ULC의 활동을 다루는 식으로요.

박영석: 좋은 말씀 감사합니다. 값진 컨설팅을 받은 느낌입니다. 손 박사님 어떠세요?

손은신: 저도 아까 비슷한 생각을 했는데 임 박사님이 말씀하시는 것을 들으면서 그동안 두 분 사이에서 많이 힘드셨나보다 이런 생각이 들었고요, 저도 아까 말씀드렸지만, 그동안 지켜봐왔지만 벌써 10권이나 됐는지 사실 몰랐어요. 그냥 하나하나씩 하시다 보니까 아마 10권이 됐을 것 같은데, 대부분의 일들이 사실 그렇잖아요. 목표를 정해놓고 하는 게 아니라 하나씩 하다 보니까 10개가 되고 20개가 된 거였을 텐데, 아까 말씀하신 트릴로지도 저는 잘 모르지만 인터뷰하는 작업이 진짜 어려운데 그걸 세 권 연달아 하셨고 또 계속 새로운 프로젝트도 하시는 것들이 쉽지 않았을 것 같아요. 그동안 냈던 책들이 사실 1년 내에 여러 번의 주기로, 적어도 2~3회 주기로는 나오게 되는 것 같은데 그 주기가 실제로 글을, 원고를 받기

어려운 주기라면 조금 더 텀을 길게 가져가는 것도 좋을 것 같다는 생각도 들어요. 그리고 ULC는 사실 홈페이지도 너무 예쁘거든요. 그래서 어쩌면 브런치 스토리처럼 여러 가지 꼭지의 글들이 홈페이지에 올라오고, 그걸 엮으면 어떨까. 사실 그런 방식도 예전에 하려고 하셨었죠. 근데 그게 좀 쉽지 않아서. 저도 들으면서 갑자기 고민이 많이 드는 것 같아요.

근데 정말 재미있는 이슈, 특히 사회적으로 관심이 많은 이슈가 있다면 그거랑 관련된 내용은 대체로 우리 모두가 관심이 있으니까, 글을 쓸 수 있는 많은 필진들이 좀 더 관심이 있는 주제를 가지고 좀 느슨하게 잡아주시면 어떨까? 저는 코로나 특집이 그런 것 중 하나일 수 있었다는 생각이 들어요. 『환경과조경』에서는 매달 좋은 콘텐츠들을 생산해 주고 계시니까 ULC는 조금 더 특화되어도 좋을 것 같아요. 글을 중심으로 꾸려지는 것도 그렇고 조금 더 내용을 깊이 파고드는 느낌이 있는 것도 그렇고요. 그러다보니 약간 현학적인 느낌이 들 때도 있거든요. 근데 그게 만약 ULC의 특징이라면 그런 걸 오히려 조금 더 살려보면 어떨까 싶은 생각도 듭니다.

박영석: 감사합니다. 잠시 쉬었다가 다시 시작하겠습니다. (휴식)

앞서 여러 좋은 이야기들이 있었는데요. 저도 자성의 목소리로서 한 가지 덧붙이자면 저는 유엘씨프레스 전에 몇 번의 실패 또는 좌절을 겪었던 경험이 있어요. 예를 들어 2010년도 쯤 페이스북 기반으로 한 '지니어스케이프'라는 웹 매거진을 운영했었어요. 좋아요가 천명 가까이 되는 규모였는데 제가 잠시 해외에 나가면서 관리가 어렵게 되었습니다.

그리고 학교라는 경계를 넘어 조경학과에 열정적인 친구들을 모아서 지원해주고 싶어서 그룹을 만들었던 적이 있어요. 술자리도 만들고 답사도 가고 이슈를 제시하고 리포트도 만들어봤죠. 근데 그것도 저만 밀어붙이니까 자체 추동력이 안생기더라구요. 그것도 결국 스러졌어요. 그리고는 결국 지속 가능한 조직을 만들어야 되고, 그 조직에서 만들어내는 것도 지속가능성을 담보를 해야 된다 이런 생각이 강하게 자리 잡았습니다. 그런 측면에서 ULC를 시작할 때 편집진께도 지치지 않고 지속가능할 수 있는 어떤 그런 폼을 찾자는 걸 주장했었던 것 같아요.

임 박사님께서 아까 말씀해 주시기를 우리가 결국 뭐 하는 거지, 앞으로 뭘 해야 하지라는 물음에서 네트워킹으로 동력 발굴하는 건가, 프로젝트 플랫폼으로서 작업을 하는 토대가 되는 건가 또는 포괄적인 아카이브를 하는 건가라고 하셨는데 저는 이 세 가지 모두 다라고 생각합니다. 임 박사님이 오래된 미래로서 질문과 답을 다 갖고 계셨던 것은 아닐까하는 생각이 들기도 들었습니다.

남은 시간 우리 자유롭게 이야기하면 좋을 것 같아요. 우리가 과거를 돌이켜봤다면 앞으로 그러면 우리가 도시경관 안에서 어떤 기록의 행위로서 어떤 것들을 하면 좋을지 의견 한 번 받아볼까요?

김지환: 오랜만에 ULC 홈페이지 들어가서 임한솔 박사님께서 쓴 글을 보다가, 저도 살짝 까먹고 있었던 건데 제가 하고 싶은 일 중에 하나가 사회적 대기업이거든요. 조경인들이 이렇게 다양한 정체성을 가진 조경인들이 오래 건강하게 이 조경을, 도시에서 자연을 들이는 활동을 계속하려면 규모가 좀 커져야 될 것 같고, 그리고 그 역할이 사회적으로 역할을 좀 했으면 좋겠다. 너무 개인 작업이라든지 건설업의 영역뿐만 아니라. 그래서 사회적 대기업을 이제 하고 싶은데 그건 이제 저의 욕망인 거고. ULC를 이렇게 조직하고 또는 이렇게 구성하고 계신 분들의 개인적인 욕망이 무엇인가, 그러니까 ULC랑 상관없이. 왜냐하면 저는 그게 ULC에 투영되는 것도 있으면 좋지 않을까, 그게 지속성을 갖는 것에 도움이 될 수 있지 않을까라는 생각이 들어서요. 각자 세속적 욕망을 한번 들어보고 싶기는 합니다.

김모아: 작년 10월에 『환경과조경』에서 대구라는 도시를 다루는 특집을 했어요. 한 도시나 특정 지역을 다루는 특집이 어떻게 보면 재미없는 주제일 수도 있지만, 또 둘러보면 조경의 관점에서 한 도시를 다룬 콘텐츠는 많지 않더라고요. 대구라는 도시의 다양한 면을 담고 싶었는데, 조경 설계를 다루는 전문지다 보니 못 다한 이야기가 많아요. ULC

는 도시경관을 이야기하는 매체이니까, 더 다양한 분야의 사람들을 초대해 다채로운 이야기를 할 수 있을 것 같아요. 지역 활동가나 경제적 구조를 경관과 연계지어 다룰 수 있을 것 같아요. 되도록이면 서울 외 지역을 조명하면 좋을 것 같고, 만약 서울을 다루게 된다면 도시 단위가 아닌 작은 동네를 들여다보는 특집을 해보면 좋지 않을까 생각해봤습니다.

박영석: 『환경과조경』 10월호 대구 특집, 저는 보면서 너무 재밌었고 특히 대구시장이나 공무원들이 참 기분 좋았겠다는 생각이 들었어요. 2023년에 기록한 대구라는 도시경관의 스펙트럼이 정말 저는 인상 깊었어요. 그리고 또 한편으로 10월호에 좋은 인터뷰 기사도 있어 굉장히 알차고 내용이 좋았습니다(웃음).

손은신: 저는 아까 김지환 소장님이 말씀하신 욕망이라는 단어에 약간 꽂히는데요. 욕망은 무엇일까 잠깐 생각을 해보면, 처음에는 우리끼리 좀 더 생산적인 거를 했으면 좋겠다는 마음에서 시작한 것 같기도 하고, 사실 편한 자리에서 놀다가 재밌는 얘기들 많이 할 때가 있잖아요. 개인적으로 하고 싶었던 것들, 궁금한 것들, 놀다가 이야기한 내용들을 한권의 책으로 내고, 또 놀다가 한 권 내는 조금 더 편안한 느낌이면 어떨까 싶은 생각도 드네요. 뭔가 ULC의 목적과 방향이 처음 생각했던 것과는 약간 달라져서, 어쩌

면 책을 꼭 내야 하고 콘텐츠를 꼭 만들어야 된다는 부담감 때문에 늘 마감에 쫓기게 된다면, 결국에는 그렇게 바람직한 것 같지는 않아요.

박영석: 맞아요. 사실 1년에 3권 낸다는 건 그렇게 해오다 보니까는 그렇게 된 거지, 얼마든지 수정할 수 있다고 생각해요. 욕망 더 이야기해 봅시다.

손은신: 저는 이런 생각도 드네요. 가끔은 우리 분야가 아니어도 그냥 좀 궁금한데 공부하고 책 읽기는 귀찮고, 이럴 때 전문가를 모셔서 특강을 듣기도 하잖아요. ULC에서 보통 이렇게 라운드테이블 한 내용의 녹취록을 실으시는데, 특강 들으면서 여러 관심 있는 분들을 모셔서 토론도 하고 녹취록을 담는 방법도 고민해볼 수 있지 않을까 싶거든요.
가끔 보면, 다른 분야에서 공부하시는 분들이 사실 조경에 대해 거의 생각해 본 적이 없잖아요. 그런데 조경 분야에서 그런 분을 초청해서 특강을 하게 되면 갑자기 그분도 이제 조경에 대해서 생각을 해보시더라구요. 그렇게 타 분야와 연계하는 계기도 될 수 있지 않을까 싶은 생각이 들었습니다.

임한솔: 얼마 전에도 비슷한 질문을 들었을 때 얼버무렸는데 방금 생각난 게 있어요. 저는 사실 설계를 해보고 싶어요. 설계가 하고 싶은데 이미 멀리 왔잖아요. 그런데 경로는 다르더라도 언젠가는 할 수 있을 것 같아요. 그리고 보통은 글로 배우면 '글로 배웠어'라고 하면서 낮춰 말하기도 하지만, 사실은 그게 출발지로서는 좋을 수도 있잖아요. 지금의 저는 공간보다는 지면을 디자인하는 데 특화돼 있는 것 같아요. 그렇지만 기회가 생기면 제가 할 수 있는 것들을 다른 식으로 융통해서 설계를 제대로 해보고 싶은 생각이 있습니다.

박영석: 그렇군요. 근데 임한솔 박사님은 충분한 역량을 갖고 계셔서 잘하실 것 같아요. 제임스 코너도 굉장히 오랫동안 학교에 있다가 설계자로 데뷔하셨잖아요. 임한솔 박사님도 한국의 제임스 코너로...

임한솔: 아니에요. 그런데 죄송한 말씀이지만 굉장히 나태하게 하고 싶어요. 절대 미친 듯이 하고 싶지 않고 나른하고 나태하게. 작품을 손가락으로 꼽을 수 있는 정도로만.

박영석: 취미 삼아 대형 공원 몇 개...

임한솔: 중요한 건 그냥 해보고 싶다는 거...

신명진: 옛날에 교수님들께서 저 박사과정 들어왔을 때 너 뭐 하고 싶으냐 물으시면 보통 이런저런 거 연구하고 싶습니다, 뭐 이렇게 얘기하잖아요. 근데 사실은 다 거짓말이고(웃음). 그거 말고 진짜로 뭐 하고 싶어? 이렇게 물어보시면 저는 언제나 똑같았거든

요. 자선가가 되는 게 저의 오랜 욕망이자 영원한 꿈이죠. 희망 사항이 아닌 것은 꿈이기 때문에. 꿈으로만 존재하는. 그걸 잡지랑 연관시킨다면 이런 거죠. 진짜 괜찮은 재단에서 임한솔 박사님을 총괄 디렉터로 앉혀놓고 잡지 하라고 일 시키고 싶어요. 예전에도 한번 말씀드린 적 있는데 이거야말로 저의 진정한 욕망입니다. 박사님 되게 표정이 안 좋으시네요.(웃음)

박영석: 책이라는 게 우리 작업의 시작점이자 어떤 매개이자 중간 결과물인 것 같아요. 텍스트로 차곡차곡 남겨놓는 행위가 돌이켜보니까 멋있는 작업이더라고요. 책을 한 단계 낮추어 생각해보면 글이라는 미디어로 볼 수 있고, 글이 생산되고 배포되는 방식은 구독형 뉴스레터, 웹진 등 다양한 방법이 많은 것 같습니다. 하여튼 저희가 소화할 수 있는 역량 안에서 담아내는 범위들을 생각해보는 것이 필요할 것 같습니다.
그런 측면에서 오늘 너무 좋은 이야기들 좋은 아이디어를 주셨는데 저는 오늘 한 2개 정도 가져가고 싶네요. 하나는 'a city'인데요. 『환경과조경』에서 한 도시를 특집에 담았듯이 우리는 더 작은 스케일에서 구나 동 정도 규모를 함께 답사 다녀와서 글을 쓴다든지, 그 동네 출신이나 거기에서 살았던 분들을 찾아내서 원고를 모으면 재밌을 것 같아요. 또 하나는 'a lecture'인데요. 한 분의 발제를 함께 듣고 라운드테이블 나눈 내용을 녹취로 풀어서 오로지 텍스트로 담아내는 거죠.
어느덧 마칠 시간이네요. 마지막으로 돌아가면서 한마디씩 청해보겠습니다.

김지환: 저 까먹기 전에 하고 싶어요. 제가 그 세속적 욕망을 왜 말씀을 드렸냐면, 욕망에도 종류가 굉장히 많을 거라고 생각을 하거든요. 굉장히 은밀한 욕망이 있을 수도 있고 관종끼가 막 분출된 욕망이 있을 수도 있는데, 세속적 욕망이라고 하는 이유가 뭐냐면 세속적인 욕망에 대해 생각을 하다 보니까 제가 가지고 있는 욕망이 사회나 세상과 어떻게 연결이 돼야 하나 그런 생각이 들더라고요. 제가 최근에 왜 그렇게 생각하게 됐냐면, 라디오를 처음에 할 때만 해도 동료들이 생길지 사실 몰랐고 그 동료들이 이렇게 일찍 생길 줄도 몰랐고 우여곡절이 있었지만, 새로운 친구들이 들어오면서 팀이 재조직이 됐는데, 시간이 지나서 보니 지금 상황이 너무 좋은 거예요. 좋다 보니까 이 멤버로 좀 더 가도 좋겠다.
그러려면 뭐가 필요할까 생각하니까 이제 돈을 벌었으면 좋겠다는 생각이 들더라고요. 그 돈이 막 쉽게쉽게 대충대충 버는 게 아니라 지금까지 저와 라디오가 해오던 걸 지켜가면서 버는 거죠. 지킬 건 지키면서 계속 작업을 이어갈 텐데 그러려면 내가 어떤 활동들을 더 해야 되고 어떤 걸 하지 말아야 되고 이런 것도 정리도 좀 되더라고요. 그러다 보니까 라디오가 이렇게 돈을 벌 수 있겠구나라는 생각이 들긴 하지만 아직 어떻게 될

지는 모르죠. 작품에 또 작업에 집중하게 될 수도 있고, 그러면 우리가 어떤 프로젝트 작업에 더 집중해야 되지, 또는 운영을 하고 먹고 살기 위해서 기본적으로 해야 할 것들은 어떤 마음으로 내려놓고 할 수 있을까, 이런 고민을 하게 되더라고요.

그전에 저의 욕망은 서울에 있는 조경 설계 회사 가는 것만으로 끝났고, 그 이후에 살짝 작은 목표가 있었다면 제가 만든 공간들이 좋은 평가를 받고 어디 가서 제가 말을 할 수 있는 사람이 됐으면 좋겠다는 것 까지가 어렸을 때 가졌던 가장 큰 욕심이었고 목표였거든요. 그리고 그걸 다 이루어낸 상태에서 조경작업장 라디오를 몇 년 동안 가는대로 가보자는 생각으로 운영해왔어요. 저도 목표없이 지내다가 최근에 재조직된 팀 구성이 괜찮다 보니까 욕망이 다시 생기더라고요. 분위기가 좋은 팀이 되고 있고 이 팀의 방향성을 가져가려면 돈이 필요할 것이고 그러려면 뭘 해야 될 것인가를 고민하다 보니까 세속적 욕망을 꿈꾸는 즐거움이 생겼어요. 그러다 보니까 세속적 욕망이 꼭 나쁜 건 아니더라고요. 돈을 벌려고 하는 게 나쁜 건 아니었다는 생각이 들다 보니까 여기 계신 분들도 고민하는 욕망들을 분출하는 건 어떨까는 생각이 들어서 그런 질문을 하게 됐습니다.

ULC도 그렇고 라디오도 그렇고 세속적으로 자리 잡으려면 나와 세계의 접점이 어떻게 나타나야 될 것인가에 대한 고민을 더 많이 하면 좋을 것 같아요. 그래서 던져본 질문이었고 좀 더 세속적인 욕망을 키워나가기를 바랍니다. 이상입니다.

손은신: 저도 이어서 말씀드리면, 국책연구 기관에서 일하면서 내가 정말 연구하고 싶은 주제, 어떤 연구적인 욕망과 관련된 주제가 실제로 그 시기에 필요하지 않거나 수요처에서 원하지 않아서 연구를 못하는 경우가 많거든요. 그렇지만 보통 연구계획서를 쓸 때, 저희도 개인의 연구적인 욕망들을 조금씩 담게 되더라고요. 정책과제나 국정과제와 관련된 내용을 쓰면서도 우리의 욕망을 조금씩 담아보는데, 어떨 때는 욕망을 너무 담아서 사전에 다 같이 검토하는 자리에서 욕망을 너무 많이 담은 게 티가 나기도 하고, 어떤 경우에는 욕망을 너무 담지 않고 정책과제 자체에만 집중해서 쓰다 보니 사실 연구를 별로 하고 싶은 마음이 점점 들지 않아서 내용이 부실해지기도 해요. 그러면 다 같이 검토할 때, 정말 하고 싶은 게 뭔지를 물어보거나 다시 정리해보라고 하는 피드백을 듣거든요. 이렇게 항상 그 균형을 잡는 게 너무 어려운데, 그래도 약간의 욕망이 담겨야 좀 더 내용을 충실하게 쓰게 되고, 연구를 진행할 때도 조금 더 열심히 하게 되는 경향이 있는 것 같아요.

그래서 아까 김 소장님이 말씀하신 욕망이라는 표현이 재미있는 표현이고 생각해볼 만한 표현인 것 같았고, 공감이 가는 부분이어서 말씀을 드리고 싶었고요. 또 한 가지 더 말씀드리면, 욕망, 재미, 이런 여러 가지 동력에 의해서 결국 잡지라는 매체를 통해 출판을 한다는 것은 우리끼리 사석에서 이렇게 막 이야기하는 것과 달리 세상에 어떤 매체로 공개되는 것이고, 그 순간에 이 결과물은 우리의 손을 떠나는 것 같더라고요.

그래서 내가 쓴 글이나 내용을 보고 생각지도 못했던 데서 연락이 오기도 하고, 정말 전혀 알지 못했던 사람과 이 출판물을 계기로 알게 되기도 하는 그런 일이 있는 것 같아요. 이미 내 손을 떠난 자식같이, 저는 자식은 없지만, 아무튼 내 손에서 떠나서 세상에 보내는 그런 작업들을 계속 한다는 것 자체가 앞으로 우리가 잘 알지 못하는 새로운 일이 일어나거나 그럴 수 있는 가능성들을 계속 만들어낼 수 있는 것이 아닐까라는 생각이 듭니다. 특히 저는 편집진 세 분이 그동안 너무 고생을 많이 하셨다는 걸 오늘 모임을 통해서 새삼 다시 알게 되었는데, 정말 경의를 표합니다.

김모아: 이제 12월인데 참 잡지사에서는 슬픈 달이에요. 독자들이 다시 정기구독을 하느냐 마느냐 결정하는 시기이거든요. 출판이 사양 산업이라는 말을 늘 듣고 있어서, 어떻게 하면 잘 팔리는 잡지를 만들 수 있을지 고민하는 시간이 점점 더 늘어나고 있어요. 그러던 중에 보스토크라는 사진 잡지의 편집장 인터뷰를 읽었어요. 그분은 지속 가능성에 얽매이면 스스로 한계를 짓게 되기 때문에 시도 가능성을 우선 생각한다고 하더라고요. 책은 자동차나 집 등과 비교하면 기

획, 편집, 마케팅을 혼자서 해내서 만들어낼 수 있는 매체라고요. 그만큼 다양한 것을 시도해볼 수 있기도 하고요.

저도 가만히 내가 구매자의 입장에서 책이나 출판물을 살 때 어떤 점에 주목하나 생각해봤는데, 어떤 매체의 완결성도 중요하지만 그것을 만드는 사람들이 얼마나 독특하고 참신한 생각을 하고 있는지, 그것이 새로운 과정을 통해 만드는지를 많이 따지더라고요. 재밌는 활동을 하는 사람이 무언가를 만든다고 하면, 그 결과물에 상관없이 구매욕이 들 때가 많아요. ULC는 이미 선도적으로 독특한 활동을 재미있게 펼쳐나가는 사람들이 만들고 있다는 이미지를 갖고 있다고 생각해요. ULC를 만들어내는 사람들이 재미있게 또 즐겁게 활동하고 있다는 뉘앙스와 인상을 꾸준히 주는 것이 중요하지 않을까 생각합니다. 가능성이 많으니, 어떤 호는 한 사람의 편집진의 의견을 무조건 따르는 특집도 해볼 수 있고요. ULC를 만드는 사람들이 무엇보다 즐거웠으면 좋겠습니다. 같이 잘 살아남았으면 좋겠어요.

임한솔: ULC를 왜 하는지에 대해 짧게 말씀드리고 싶어요. 처음은 그냥 친한 사람들끼리 시작했던 것 같아요. 그 친하다는 것 때문에. 아내가 연극 일을 하고 연극을 보러 많이 다니는데, 주로 사람들이 많이 안 보는 연극을 보러 다니거든요. 그런데 어떤 연극은 정말로 객석이 5개예요. 한 회차당 5개니까 매진이 돼도 20명 밖에 못 보는 연극도

있거든요. 그런데 그런 연극들이 적지 않더라고요.

어떤 사람들에게는 자신이 만들어낸 것을 많은 사람들이 보는 게 전혀 중요하지 않고, 그보다는 어떤 생각들이 서로 충분히 공감대를 얻고 공유되는 것이 훨씬 중요할 수 있더라고요. 어쩌면 ULC에서 독자의 숫자가 하나도 안 중요할 것 같다는 생각이 오늘 들었어요. 어떻게 하면 조금 더 우리의 현실에 맞게 나아갈 수 있을까, 그런 걸 앞으로 고민해보면 좋겠다는 생각이 들었습니다.

박영석: 잠깐만요, 눈물 좀 닦고.

신명진: 네 눈물 닦는 그런 거 진짜 싫어하는 신명진이고요.(웃음) 뭐, 이렇게 싸움이 시작된다는 겁니다.

오늘 해 주시는 말씀 들으면서 퍼뜩 생각이 났는데, 사실 다음에 저희가 편집회의를 하게 되면 생각해 볼 문제일 수도 있을 것 같긴 합니다. 저희가 지금까지 했던 게 잡지일까? 라는 생각이 좀 들어요. 그 보통 대학 출판사에서 나오는 시리즈물의 전공 서적 있잖아요. 그러니까 사회학 평론 시리즈라던가. 그러니까 잡지가 아닌 출판 시리즈물에 가깝지 않았나라는 생각이 들어서 아마 그런 지점에서 저희가 좀 갈팡질팡을 계속했던 것 같아요.

포맷과 유형. 어떤 디자인적인 포맷을 얘기하는 게 아니라, 어쨌든 하나의 형태로 만든다는 거는 어느 정도는 목적성이 있어야 되는 거고 그 목적성이 대상이 될 수도 있는 거고 형태가 될 수 있는 거고. 아까 임 박사님도 말씀해 주셨지만 저희가 시스템적으로 어떤 식으로 정해놓고 만들어온 게 아니다 보니까 오히려 진행을 하면서 그 시스템을 계속해서 구축해 가야 하는 상황이고, 그러다 보니까 고민이라는 형태가 이제 오늘 임한솔 박사님한테 너무 죄송한데요. 많은 갈등과 있었던 것 같습니다.

그 밸런스가 언제나 어려운 것 같아요. 가끔 보면 작업하는 사람들 중에는 정말로 관객이 1도 중요하지 않은 사람들도 있거든요. 하는 과정에서의 고민과 사유가 더 중요한 그런 단계가 있다고 할까. 물론 그렇게 가기엔 우리는 조금 멀리 온 것 같다는 생각도 들어요. 결국 그렇다면 우리는 지금 우리한테 주어진 조건에서 어떻게 밸런스를 다시 맞출 수 있을까 이런 질문이 아마 저희가 앞으로 대화를 나눠야 되는 부분이 아닌가 싶습니다.

박영석: 좋은 말씀 감사합니다. 임 박사님께서 말씀하신 매진돼도 20명이 본다는 그 연극이 무척 와 닿았습니다. 또 신 박사님의 시리즈 관점도 무척 흥미롭습니다.

제가 어렸을 때 밴드를 했는데 그때 관객이 한 명만 있어도 우리는 노래할 거야 이런 패기나 치기 같은 게 좀 있었거든요. 한 명이라도 우리 밴드 노래를 들었으면 좋겠고, 러닝타임이 끝날 때까지 들어 준다면 그것만으로도 고마운 기억이 있습니다.

그리고 꼭 저희 밴드가 아니고 뒷 타임의 헤드라이너 노래를 듣기 위해 일찍 왔는데, 우연히 우리 음악을 들어 주어도 좋다고 생각했어요. 그래서 우리 ULC의 작업이 도시경관 출판계의 오프닝 밴드가 될지 헤드라이너로 이어질지 여러 가지 시도 가능성들이 남아 있다고 생각해요.

오늘 늦은 시간까지 참여해주신 김모아 기자님, 김지환 반장님, 손은신 박사님 감사드립니다. 그리고 우리 ULC 편집위원 신명진 박사님과 임한솔 박사님께 아침부터 저녁까지 늘 감사의 마음을 갖고 있다는 걸 잊지 않으셨으면 좋겠습니다. 오늘 라운드테이블 여기서 마치겠습니다. 감사합니다.

Outro

유엘씨프레스 / ulcpress@naver.com

맺음말

Outro

박영석

아침이다. 덜 깬 채 커피와 조촐한 끼니를 준비한다. 아이들 등원을 마치면 일과가 시작된다. 줄달음치는 시계 바늘을 쫓아가다 보면 어느새 하원 시간, 오늘의 후반전 휘슬이 울린다. 어떻게든 지새운 저녁이 지나면 밤이 찾아온다. 두 번째 일과는 오히려 달콤할 때도 있다. 다시 아침이다.

겨울이다. 4년 전 어슴프레 다듬은 유엘씨 0호의 부제는 '새로운 시작의 시작, 도시 경관의 경계로부터'였다. 정규호 6권과 특별호 4권을 엮어보니 늘 시작은 또 다른 시작을 초래했다. 여전히 궁금한 것은 경계였다. '도시와 조경, 경관과 사회, 설계와 시공, 연구와 실천' 등 다 쓰지도 못할 대립항 사이에서 때때로 기준이 필요할 때도 있었고, 엄연히 규정지을 수 없는 지점에 서서 망설일 때도 있었다. 담으려고 고민했던 이야기들과 담고 싶은 이야기들의 경계를 더듬어 본다. 그리고 다가오는 고민의 시작을 주저하지 않기로 했다. 다시 겨울이다.

신명진

인간이 가장 징글징글하게 인간스러운 포인트는 자기 자신의 존재 가치와 목적에 관한 물음, 즉 '나는 누구인가'라는 질문을 한다는 점이 아닐까. 누가 아무리 옆에서 이야기를 해줘도 풀리지 않는 꼬여진 매듭같은, 자기 자신의 인지와 수용으로만 해결이 가능한 질문. 그러니까 해결이 불가능한 질문.

비단 잡지만의 일은 아니다. AI의 효용성, 활용가능성, 접근성이 나날이 개선되며 인간만이 가능한 일이 과연 무엇일까에 대한 의문이 SNS 전반에 퍼져있다. 직종이든, 분야 전체든. 위협으로 느끼는 사람들도, 가능성이라 판단하는 사람들도 모두 이로 인해 상상 이상의 변화가 생겨날 것이라는 데 동의할 것이다. 인터넷이 그랬듯이, 모바일 시대가 그랬듯이, 우리가 화들짝 놀라는 어떤 순간이 아니라 냄비 속 개구리처럼 자각없이 푹 적셔질 거 같다는 데 더욱 두려움이 든다. 사실 스카이넷이 실존한다면 인간을 적대시하는 것이 아니라 잘 구슬려서 딴 곳으로 보내버리지 않겠나. 적대시라는 비효율적 감정적 대응은 인간이기에 가능한 존재론적 가치를 중심으로 한 자존심 싸움 아니겠나.

그러니까 우리에게 정체성과 목적의식의 문제는 존재론적 문제로 다가왔었다는 이야길 하고 싶다. 그만큼 계속 고민이 쌓여왔음을 자간 사이에, 줄 사이에, 공백 사이에서 충분히 느껴주시면 좋겠다.

사실 이번 호 자체가, 또는 최소한 라운드테이블을 보면서 뭔 편집진이라는 사람들이 이렇게 찡얼거리나 싶을 수도 있겠다는 생각이 맺음말을 쓰게 돼서야 생각이 든다. 이렇게 생각하시는 독자분들께는 양해를 구할 뿐이다. 다만 우리가 최소 몇 년간 잡지를 해보겠다고 이리저리 뛰어다니면서 '우리의 존재 의의'와 '목적'에 대해 답 없는 질문을 끊임없이 했다는 것 자체가 나름의 진지함이 배어 나오는 그런 순간들이 쌓인 것이라 예쁘게 봐주시길 바란다.

임한솔

하길 잘했다는 생각이 든다. 유엘씨 열 권도, 열 번 째 책도 말이다. 라운드테이블에서 말했지만 그동안 고민이 있었다. 부캐들의 취미생활로 시작한 잡지가 지속가능할 수 있는지, 의미가 있는지 계속해서 의문이 들었다. 이 책은 나름대로 의문에 답을 찾아보려는 과정의 기록이다. 해왔던 일을 되짚고, 주변을 살피고, 가능성을 보는 것. 우리가 주캐로 일할 때 익숙하게 하는 작업이기도 하다. 그 과정이 낱낱이 흩어지지 않고 우리뿐만 아니라 독자에게도 무언가로 남았으면 하는 마음으로 책을 설계했다.

그 과정 중에 책에 담지 못한 것들이 있다. 설문조사 결과가 특히 그렇다. "가깝고 익숙한 이야기를 새롭게 글로 만나는 느낌", "신선하고 본질적이다"와 같은 평에는 속으로 정말일까 싶었다. 이 책으로 인해 "도시, 조경에 대해서 기존에 가지고 있던 생각이 확장되는 경험"을 했다거나 "스스로의 좌표를 조금 더 입체적으로 읽을 수도 있고, 더 세계가 넓어지는 느낌"을 받았다는 소감에는 다행이다 싶었다. 마냥 개론적이거나

가볍지 않아 좋다는 단서를 붙였지만 "알차서 아무때나 꺼내 읽지는 못하는, 큰 맘 먹고 읽는 잡지"라는 표현에는 마음이 찔렸다. 필진이 보내주신 "'임금님 귀는 당나귀 귀'라고 소리친 기분. 꽤 오랫동안 자신만의 우물 속에서 되뇌이던 말들을 비로소 밖으로 들려줄 수 있었다"라는 소감에는 쓰기를 위한 지면으로서 할 수 있는 일이 있겠다는 생각이 들었다. 설문조사 결과는 앞으로 유엘씨를 기획해나갈 때 소중하게 쓰일 예정이다. 참여해 주신 모든 분들께 감사드린다.

팬데믹에 접어들어 A호를 냈을 때도 겨울이었다. D호를 내보내는 지금도 비슷하게 한겨울 새해를 맞이하고 있다. 밖은 찬 바람이 불고 있다. 나가는 게 좋을까, 방에 있는 게 좋을까. 나는 아무래도 밖에 나가는 편이다.

Sponsors

ISBN 978-89-952683-6-0 종이책 세트_전2권 105,000원
ISBN 978-89-952683-7-7 93520 태도 I
ISBN 978-89-952683-8-4 93520 태도 II

ISBN 979-11-985740-0-8 전자책 세트_전2권
ISBN 979-11-985740-1-5 95520 태도 I
ISBN 979-11-985740-2-2 95520 태도 II 낱권 31,500원

https://blog.naver.com/wullandscape
wullandscape@naver.com

조경작업소
LANDSCAPE ARCHITECTURE

OPENNESS Studio 오픈니스 스튜디오

오픈니스 스튜디오는 감각적이고 섬세한 외부환경 조성을 위한 토탈서비스를 제공합니다.
외부 환경의 설계 및 시공을 함께 다루는 조경 디자인–빌드 (Desing–Bulid) 전문기업입니다.
소규모 주택 정원에서부터 대규모 단지 조경에 이르기까지, 예술적 감수성을 담은 공간을 조성합니다.

https://www.instagram.com/openness.studio

Contributors

김인수 / 환경조형연구소 그륀바우 소장

국민대학교에서 건축, 독일 칼스루에 대학교에서 환경설계를 전공했다. 1996년 환경조형연구소 그륀바우를 열어 외부환경설계와 환경조형물 설계작업을 하고 있으며 공원, 정원, 축제, 박람회 등과 관련한 문화사업에도 참여하고 있다. 1981년 첫 사진전을 연 이래 건축가 없는 건축, 조경가 없는 조경에 관심을 두고 꾸준히 도시기록을 진행 중이다.

김정은 / 월간 『SPACE(공간)』 편집장

건축과 조경을 공부했다. 『건축인(POAR)』, 『SPACE(공간)』, 『건축리포트 와이드(WIDE AR)』, 『환경과조경(laK)』에서 기자로 활동했으며, 현재 『SPACE』의 편집장을 맡고 있다. 건축과 도시, 조경의 경계를 넘나들며 '지금 여기'의 건축 문화를 기록하고 있다.

김지나 / 서울대학교 객원교수, 도시문화칼럼니스트

도시문화를 연구하고 글을 쓰는 사람으로 시사저널에 '김지나의 문화로 도시읽기', '김지나의 그런데 말(馬)입니다'를 연재 중이다. 서울대학교에서 인류학을 전공했으며 조경학으로 박사학위를 받았다.

남기준 / 월간 『환경과조경』 편집장

국민대학교에서 국어국문학 학사와 석사학위를 받았다. 월간 『환경과조경』 편집장으로 일하고 있고, 도서출판 조경, 도서출판 한숲, 나무도시 출판사에서 150여 권의 단행본을 편집했다. 『텍스트로 만나는 조경』, 『공원을 읽다』, 『한국 조경 50년을 읽는 열다섯 가지 시선』 등의 책에 공저자로 참여했다. 조경, 정원, 식물, 도시의 매력을 부각시킬 수 있는 이야기 생산에 관심을 갖고 있다.

박영석 / 유엘씨프레스 발행인

성균관대와 서울대에서 조경을 공부하고 '오픈스페이스와 시민참여, 놀이 환경 연구, 도시 문화 콘텐츠 기획'을 하며 유엘씨를 발행하고 있다. 현재 빅바이스몰 공동대표 및 플레이스온 소장.

서정완 / 유니베르 소장

한국과 프랑스에서 조경을 배웠다. 다양한 풍경과 사람에 이끌려 지중해에서만 10년을 보냈다. 한국으로 돌아오면서 조경계로 복귀하였으나 유의미한 결과물은 만들어내지 못하고 있다. 조경 혹은 정원은 세상을 긍정적으로 변화시키는 강력한 도구라는 생각을 자주 한다.

신명진 / 유엘씨프레스 에디터

미술사를 공부한 후 조경학 박사로 최종 진화했다. 누가 물어보면 연구자 겸 통번역가 겸 글쓰는 사람이라고 소개한다. 관악산이 주 서식처이나, 갤러리와 미술관을 오가면 세상만사에 관심을 다 두고 있다. 특히 탈산업 관련 장소에서 카페인을 섭취하는 모습이 종종 목격된다. 혹시 발견하면 말을 걸어보자.

유영이 / 도시문화예술 컨설턴트

고객 경험을 기획하는 공간 컨텐츠 기획자이자 도시를 관찰하고 기록하는 작가. 밀라노공대 전시디자인 과정을 거쳐 서울대학교 건축학과 건축도시이론연구실 박사 수료 후, 예술과 기술, 도시공간의 변화를 축으로 연구와 실무, 집필을 병행하고 있다. 미래 도시에 대한 다큐멘터리와 음악 전시 기획까지. 이야기를 짓고 공간을 짓는 작업을 꾸준히 이어가는 중이다.

이수학 / 아뜰리에나무 소장

이수학(Astelle arbor var. quercus Namoo)은 처녀자리 초은하단의 국부은하단 속 오리온 팔 끝에 있는 태양계 중심별의 세 번째 행성에 불시착한 우주의 극소 미립자다. 우주 시간의 찰나로 지내면서 정원, 마당, 공원, 광장, 거리, 마을, 도시의 하부 구조와 관련된 일을 했다. 그의 모든 작업은 철저하리만치 끝끝내 지구별에서 실현되지 못하였으나 그의 꿈은 당신의 마음에 나무 한 그루 심어 마음의 뜰과 숲을 만드는 일이었고 그리고 ... 그 풍경 속으로 함께 들어가는 것이었다.

임한솔 / 유엘씨프레스 에디터

집밖을 추구하다가 언젠가부터 집과 밖의 소중함을 연구한다. 사람들은 왜, 어떻게 좋은 공간과 환경을 만드는가. 이 질문에 답하기 위해 조경, 건축, 역사에 관심을 두고 설계와 이론, 도시와 자연, 과거와 현재의 경계를 다르게 보려고 한다. 서울대학교에서 조선시대 전국의 감영(현재의 도청)이 경영했던 원림을 연구하여 박사학위를 받았다.

황주영 / 조경사학자

문학과 미술사를 배워 조경의 역사를 연구하는 사람이다. 경계를 넘나들며 문화사적 관점에서 정원과 공원, 도시를 보는 일에 관심이 많다. 그러는 동안 사거나 빌린 책을 잔뜩 쌓아 두고 있고, 그 중 몇 권을 우리말로 옮겼다.

ulcpress.com